江苏建筑职业技术学院品牌专业建设项目：园林工程技术专业（PPZY2016A03）
江苏建筑职业技术学院 2018 年度立体化教材（18284B）

园林山石工程设计与施工

邢洪涛　王　炼　韩　媛　编著

东南大学出版社
SOUTHEAST UNIVERSITY PRESS
·南京·

图书在版编目(CIP)数据

园林山石工程设计与施工 / 邢洪涛，王炼，韩媛编
著. —南京：东南大学出版社，2019.5
　ISBN 978 - 7 - 5641 - 8379 - 0

　Ⅰ. ①园… Ⅱ. ①邢… ②王… ③韩… Ⅲ. ①叠石—
园林艺术—工程施工 Ⅳ. ①TU986.4

　中国版本图书馆 CIP 数据核字(2019)第 073887 号

园林山石工程设计与施工(Yuanlin Shanshi Gongcheng Sheji Yu Shigong)

编　　著	邢洪涛　王　炼　韩　媛	
出版发行	东南大学出版社	
社　　址	南京市四牌楼 2 号　邮编：210096	
出 版 人	江建中	
责任编辑	马　伟	
经　　销	全国各地新华书店	
印　　刷	江苏扬中印刷有限公司	
版　　次	2019 年 5 月第 1 版	
印　　次	2019 年 5 月第 1 次印刷	
开　　本	787 mm×1092 mm　1/16	
印　　张	9.5	
字　　数	214 千	
书　　号	ISBN　978-7-5641-8379-0	
定　　价	39.00 元	

本社图书若有印装质量问题，请直接与营销部联系。电话(传真)：025-83791830

前　　言

随着生态文明城市建设、城乡一体化和旅游业的快速发展，我国的园林景观工程如雨后春笋。人们物质生活水平提高后，对身边的环境开始有更高的追求，对美的欣赏要求也越来越高，园林景观工程的设计与施工在当下就显得更加重要。

优美的园林景观工程，不仅仅是施工组织与管理，还有园林景观工程的设计。鉴于此，本书编者结合教学、实践及实际问题，特别是通过对一些园林工程设计与施工方面的书籍进行梳理与归纳，以园林山石工程设计与施工为主，理论与实际相结合，并辅以实际案例进行编写。编者录制了园林山石工程设计与施工方面的视频，读者可以扫描二维码进行观看。本书可以作为高等院校园林专业的教材使用，也可供园林爱好者参考。

全书共有6章内容：包括山石基础知识，假山石置石技艺，假山造型设计与图纸表现，传统假山营造技术，现代塑石假山营造技术，山石工程教学案例等。书后还配备了试题库、优秀案例等内容。本书采用图文结合的方式，致力于通俗、易懂、实用。作为教材时，任课老师可根据专业特色、实际要求，引导学生理解把握山石设计方法、掇山艺术和施工方法，尤其应该注意在山石空间、山石意象、山石意境和假山综合布置等内容教学时循序渐进、因势利导，切实让学生达到闻于耳、观于目、会于心、熟于手。

本书在编写过程中得到西北农林科技大学园林艺术学院陈敏、曹宁老师，杨凌职业技术学院陈祺老师的指导，为编者撰写书稿提供了大量的文献资料，在此表示感谢。还有部分参考书籍详见书后的参考文献，如有疏漏，敬请谅解。

由于编者水平有限，编写时间仓促，书中错误在所难免，恳请广大读者批评指正，提出宝贵意见，以便及时改正，在此深表谢忱。

编者
2019年1月

目　录

第一章　山石基础知识

第一节　自 然 山 石

一、山体形态构成

在漫长的造园历史进程中,山石景观在园林中发挥了重要作用,以至于达到"山无石不奇,水无石不清,园无石不秀,室无石不雅"的境界。不管是宫苑,还是私家园林,山石的引用都是追求自然之美,增加其野趣。造园师们通过丰富的想象,用艺术夸张的手法,使石景形象化,做到"片山多致,寸石生情"。通过对假山石景的巧妙利用和装置,体现出中国园林独特的山水自然景观,营造出具有诗意的园林空间。假山石景是以自然山水为蓝本的艺术创作,是自然山水的人工再现。因此,观赏假山、营造假山首先得了解自然之真山。

假山的赏识文化1

1. 自然山体的组成

自然山体造型可以说是千变万化,或冈峦圆缓,或山峰巍峨,或孤山独立,或群山蜿蜒。但根据山体要素和地貌分析,其组成包括以下几部分,如图 1-1 所示。

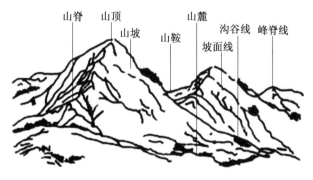

图 1-1　自然山体

（1）山顶　山顶是山岳的最高部分,按其形态有尖顶、圆顶和平顶之分。山岳两坡顶部相交形成山脊,山脊起分水岭的作用,主干山脊往往代表山岳的走向。山脊每个转折处常是次一级山脊的起点。

（2）山坡　峰脊线以下、山麓带以上的部分为山坡。山坡为山体露出的主要部分,按其倾斜程度可分为陡坡、凹坡和梯形坡。

（3）山麓　山坡下部过渡到其他地貌单元的地段叫山麓。

（4）山脉　由多个山麓的个体组合形成的条带状持续延伸的部分称为山脉。

（5）山系　多个山脉的组合称为山系。

2. 自然山体的审美特征

自古以来,中国就有"五岳归来不看山,黄山归来不看岳"之说,对自然山体美的评价不胜枚举,可概括为"雄、奇、险、秀、幽、奥、旷"等形象特征。

（1）雄:指山的形象高大,姿态雄伟,神韵威壮,气势磅礴,如泰山(图1-2)。雄伟的另一特征是山坡陡峭、线条挺直,同样能构成高大形象,如一座百米高、60°坡的山比千米高、20°陂的山雄伟得多。

图1-2　泰山

（2）奇:形态出人意料,峰峦奇特。奇特是指相对于一般的山体地貌现象而言,具有典型的特殊地貌类型,如我国安徽省的黄山(图1-3),奇峰叠嶂、山道险峻、奇石兀立、山雾腾云,千米以上的山峰有70座之多,千姿百态、变化无穷。

图1-3　黄山

（3）险:是指山势陡峭险峻,径窄坡陡,我国的西岳华山较为典型。常言道:"自古华山一条路",足以说明华山的险峻。华山是在花岗岩随地壳运动过程中,由于上升比较快,并有断层和节理发育条件下形成的。其主峰高达2 100 m,峰顶和谷底高差达千米。鸟瞰华山犹如一方天柱拔起于秦岭山脉诸峰中,四壁陡立,成80°～90°角。游人登山,必须攀铁索、上"天梯",才能到达各峰景点。所谓"无限风光在险峰"就是这个道理。

(4)秀:主要是指有茂密的植被覆盖,山地很少裸露,色彩葱绿、线条柔美,或自然造型精巧别致。山能成秀丽者离不开水,无水或少水都不能使花草树木生长繁茂。我国南方雨量充沛,植被茂密,有不少秀丽的山岳,如四川峨眉山之"雄秀"(图1-4)、杭州西湖莫干山之"娇秀",广西桂林山之"奇秀",福建武夷山之"青秀"等,都因山水花草树木配合有致而成为秀丽之山。

图1-4 四川峨眉山

(5)幽:崇山幽谷,辅以铺天盖地的高大乔木构成半封闭空间,又辅以参天大树而形成幽深之景象。这种山麓的视域比较狭窄,空气洁净,层次丰富,有深不可测之奥秘。可形成"曲径通幽"之美景,如庐山的白鹿洞、四川的青城山。

(6)奥:空间更封闭,景深莫测,洞穴奥秘,如雁荡之灵岩、武夷之茶洞。

(7)旷:视野开阔,登高远眺,"孤帆远影碧空尽",如登岱顶"一览众山小"。

3. 自然山体的形态特征

园林中的假山是人工模仿大自然而堆筑起来的。假山的构成要成为真山的艺术再现,必须依照真山的规律加以创造,成为自然的缩影,才具有自然之趣。假山在外形上除了模仿自然山体的审美特征外,其组成的细部还要借助自然山体如下的形态特征:

(1)峰、岭、峦:山头高而尖出者称峰,给人以高峻的感觉;岭为连绵不断的山脉形成的山头;山头圆浑者称峦。

(2)悬崖、壁、岫:悬崖是山陡岩石突出或山头悬于山脚以外,给人险奇之感;峭立如壁,陡峭挺拔者;不通而浅的山穴称岫。

(3)洞府、谷、壑:有浅有深,深者空转上下,穿通山腹。有水者为洞,无水者为府;两山之间的窄道称谷;山中的深沟称壑。

(4)阜:起伏不大,坡度平缓的小土山称为阜。

(5)麓:山脚部。

(6)崮:四周陡峭、顶上平坦为山。

（7）坳：山洼。

二、我国名山

以下为我国各大地区著名的洞天福地。

1. 东北地区

千山、长白山、高尔山、凤凰山、大孤山、医巫闾山、望儿山、五女山、棋盘山、大兴安岭、小兴安岭、天华山、龙潭山等。

2. 华北地区

香山、玉泉山、万寿山、八达岭、恒山、太行山、五台山、阴山、百花山、方山、王莽岭、芦芽山、雾灵山、苍岩山、天桂山、祖山、天龙山、武周山、九峰山、阿尔山、灵空山、绵山、苏木山、大青山、乌拉山、贺兰山、红山等。

3. 华中地区

武当山、岳麓山、昭山、韶山、张家界、苏仙岭、老界岭、衡山、武陵源、嵩山、龙门山、老君山、娘娘山、崛围山、崀山、石柱峰、鸡公山、云台山、龟峰山、大洪山、莲花山、磨山、大别山、神农架、鹿溪山、玉皇山、笔架山、天堂山、九宫山等。

4. 西南地区

峨眉山、翠屏山、乌龙山、云顶山、鹤鸣山、青城山、三神山、墨尔多山、剑门山、百灵山、金成山、蒙顶山、卧龙沟、大雪山、贡嘎山、跑马山、泸山、西岭雪山、四姑娘山、枇杷山、缙云山、北山、仙女山、宝顶山、石门山、南山、钓鱼山、金佛山、歌乐山、黔灵山、雷公山、扶峰山、六龙山、龙泉山、西凉山、香炉山、云台山、月亮山、梵净山、西山、文笔山、秀山、无量山、玉龙雪山、梅里雪山、苍山、鸡足山、巍宝山、贡山、药王山、唐古拉山脉、珠穆朗玛峰、冈仁波齐峰等。

5. 华东地区

栖霞山、黄山、芒砀山、武夷山、九里山、会稽山、九仙山、小九华山、庐山、花果山、蓬莱山、齐云山、琅琊山、普陀山、天台山、天门山、孔望山、紫金山、狼山、焦山、虞山、惠山、茅山、虎丘山、姑苏山、梅花山、灵岩山、天平山、青峰山、天池山、天竺山、灵隐山、北高峰、栖霞岭、葛岭、南高峰、五云山、吴山、天目山、玲珑山、桐君山、鹤山、四明山、大明山、龙泉山、雁荡山、仙岩山、莫干山、顾渚山、金华北山、仙华山、方岩、白露山、兰阴山、大慈岩、东白山、南明山、括苍山、太鹤山、凤阳山、仙都、九龙山、大蜀山、翠螺山、小孤山、天柱山、大冈山、鼓山、寿山、云居山、青芝山、敬亭山、五老峰、罗拔山、清源山、万佛山、八公山、云洞岩、浮山、灵通山、九峰山、相山、皇藏峪等。

6. 华南地区

越秀山、白云山、莲花山、莲花峰、丹霞山、金鸡岭、南昆山、罗浮山、七星岩、鼎湖山、伊岭岩、鱼峰山、独秀峰、宝积山、虞山、隐山、月牙山、七星岩、叠彩山、伏波山、画山、书童山、屏风山、白石山、桂平西山、太平山、凤凰山、莲峰山等。

7. 西北地区

贺兰山、六盘山、五泉山、白塔山、兴隆山、麦积山、仙人崖、崆峒山、仇池山、文殊山、祁连山、红山、火焰山、扎木尔峰、博格达山、日月山、五峰山、终南山、骊山、五丈原、岳山、太白山、盘龙山、清凉山、宝塔山、少华山、华山、天荡山等。

第二节　假山石的历史沿革

关于假山石在园林景观中的应用，应先从我国赏石文化开始谈起。我国赏"石"，最早可追溯到 3 000 多年前的春秋时期，当时的人们就把石景置在案上或列置在园墅中供玩赏。《山海经》记载：黄帝乃我国之"首用玉者"。由于玉产量太少而十分珍贵，故以"美石"代之。因此，中国赏石文化最初实为赏玉文化。但是真正造园意义上的堆山应是从秦汉开始的。秦

假山的历史沿革

始皇统一全国后在咸阳"作长池，引渭水，……筑土为蓬莱山"（《三秦记》），汉武帝在长安城西建章宫区域内开凿太液池，池中堆土为蓬莱、方丈、瀛洲诸山，以像东海神山。据《三辅黄图》载，梁孝王刘武于河南商丘建"兔园"，"园中有百灵山，有肤寸石，落猿岩，栖龙岫"。而家住茂陵陵邑的富户袁广汉在北邙山下筑园，"东西四里，南北五里，激水流注其中。构石为山，高十余丈，连延数里。"东汉大将军梁冀在洛阳筑园，园中采土筑山，十里九坂，以像二崤。（注：东西二崤山在洛阳之西，其间有数里石坂，多峻阜深涧。《后汉书·梁冀传》。）由此可见，秦汉时期的自然山水园林中已经开始有意识地以自然山水为蓝本并对其进行了初步的模仿。

六朝时期，人工堆山更为兴盛。此时堆山不再是对自然山水的简单模仿，而以追求"仿佛丘中""有若自然"为目的的写意堆山法逐渐占主导地位。如徐勉"为培塿之山""以娱休沐""以托灵性"，齐宗室肖映将宅园土山取名为"栖静"。北魏张伦造景阳山，"其中重岩复岭，嵚崟相属；深溪洞壑，逦迤连接。高林巨树，足使日月蔽亏；悬葛垂萝，能令风烟出入。崎岖石路，似壅而通，峥嵘涧道，盘纡复直，是以山情野兴之士，游以忘归"（《洛阳伽蓝记》）。洛阳城内的帝王园苑华林园中，亦有景阳山之作，"体量较大，已非模拟自然山川体势的远景造型，而具近景造型之悬崖绝涧的形象和意境"（张家骥《中国造园史》）。

唐代是风景园林全面发展时期，唐代园林虽然亦挖池堆山，但园林更趋向小型化发展，园林欣赏也出现了近观、细玩的喜好。园林中以小见大的手法在唐代园林中逐步建立，因此，在假山方面，唐代人不但堆山，还更喜石，欣赏怪石成了某些人的癖好。例如牛僧孺、李德裕、白居易都爱收罗各地奇石于园中，大石立于水侧，小石置于案头。牛僧孺还分石为九等，分刻于石阳，并铭之曰"牛氏石"；李德裕石则刻"有道"二字；白居易曾在《太湖石记》中提到丑石，"如虬如凤，若跧若动，将翔将踊，如鬼如兽……"指石有动静之势，在动态中呈现美的精神。这时太湖石引入庄园。

宋代园林最为著名的是艮岳（图 1-5）。宋徽宗兴艮岳寿山大役，积时六年，建成历史上罕见的大假山，使用大量石材，构成土石混合的山体。据宋人张淏《艮岳记》所述，其峰峦叠起，千叠万复，几乎达数十里之方圆，这种大量用石堆山的作风对后世追求奇险的造山风气产生了一定影响。大量用石叠山也造就了一批专业匠人，当时的吴兴出现了一种称为"山匠"的假山工。对于奇石的追求，宋人不亚于唐人。如苏轼嗜石，家中以雪浪、仇池二石最为著名。宋代米芾竟对石具抱笏而拜，并呼之为"石丈"。他对奇石所定"瘦、皱、

图1-5 艮岳

漏、透"四字品评标准久为后人所沿用。南宋杜绾编撰的《云林石谱》第一次系统完整地记载了中国园林使用的各种石材类型及特点。

明清时代是我国古代园林的最后兴盛时期,其叠石造山理论与技法已全面成熟。并且还出现了一批堆山专家,著名的有计成、张南垣、戈裕良、李渔等。其中,明代计成所著《园冶》,是中国古代造园史上唯一一部造园专著,其中"掇山""选石"等章专论叠石造山。戈裕良堆叠苏州环秀山庄假山,山势雄浑,谷壑奇险,极具自然神韵,为现存中国假山中艺术水准首屈一指之作。明代文震亨在《长物志》中提道:"石以灵璧为上,英石次之,然二种品甚贵,购之颇艰,大者尤不易得,高逾数尺者更属奇品",灵璧石作为盆景或是庭院置石可见。石景在庭院中有着重要的造景素材,有"园可无山,不可无石"一说,可见园林中对石景的运用是很讲究的。

第三节　假山景观概述

假山是我国古典园林造园不可或缺的要素之一,也是最具有民族特色的工程,代表中国园林的主要特征。在漫长的造园历史进程中,石景在园林中发挥了重要作用,以至于达到"山无石不奇,水无石不清,园无石不秀,室无石不雅"的境界。不管是宫苑,还是私家园林,假山的引用都是追求自然之美,增加其野趣。通过造园师们的丰富想象,用艺术夸张的手法,使石景形象化,做到"片山多致,寸石生情"。通过对石景的巧妙利用和装置体现出中国园林独特的山水自然景观,营造具有诗意的园林空间。

假山的赏识文化2

一、石景的艺术特性

石景既有具象之美,又有抽象之意的造园元素;既能够构置实在的园林空间,又有灵性的语言符号。石景正是因为具备这样的表现能力,从而成为园林意境营造的理想元素。它既是园林的建筑材料,也是造景材料、装饰材料,以天然的肌理、色彩,追求人工中透出自然的韵味:"天人合一"观念在园林材料使用上得到体现。建筑与造景,又在园境营造中发挥着独特作用。园林石景讲究形式上的"丑、瘦、漏、皱、透"，在设置这些观赏石时要根据它的体量大小、形貌特点，因地制宜地配置它周围的空间环境。如苏州留园的"冠云峰"，为了展示它的独特艺术，运用石景的特置手法展示出它的美，并在周围建造了空阔的庭院空间，以"冠云峰"为主景，四面建有亭、台、楼、廊围绕观赏，使山石景观具有乡土特色和文化特征。

二、假山的类型

假山的类型视频

假山，是以造景游览为主要目的，充分结合其他要素的功能作用，以土、石等为材料，以自然山水为蓝本并加以艺术提炼与夸张，用人工再造的山水景物的统称。根据假山使用的山石材料，可将其分为以下五种：

（1）土山。土山是以泥土作为基本材料，在陡坡处用石材作为护坡、挡土墙或蹬道形成的假山。这类假山占地面积往往很大，是构成园林基本地形和景观背景的重要因素。

（2）石山。石山的堆山材料主要是自然石材，只是在空隙处填土和栽种植物。这种假山体量一般都比较小，主要用于庭院、水池等比较闭合的环境中，或作为瀑布、山泉的载体。

（3）带石土山。带石土山是土多石少的山，主要堆山材料是泥土，只在山脚、山坡点缀有岩石，还可以用山石做成蹬道。带石土山可以做得比较高，同时占地面积却较小，多用在较大的庭院或者公园中。

（4）带土石山。带土石山是石多土少的山，从外观看主要是用自然山石造成的，由山石墙体围成假山的基本形状。这种土石结合而露石不露土的假山，占地面积小，山体特征尤为突出，在我国江南园林中应用最多。

（5）人工塑山。人工塑山采用石灰、砖、水泥等非自然材料经过人工塑造而成。园林塑山又可分为塑山和塑石两类，现已成为一种专门的假山制作工艺。图1-6是人工塑山的施工现场。

图1-6　人工塑山

三、假山的功能与作用

假山是中国写意山水园林的主要特色之一。中国园林要求达到"虽由人作,宛自天开"的高超艺术境界,园主为了满足游览活动的需要,必然要建造一些体现人工美的观赏要素(假山、建筑、植物、水等)。园林的营造要求把人工美融合到自然美之中,假山之所以得到广泛的应用,主要在于假山可以满足这种要求和愿望,假山的功能有以下几种:

1. 地形和骨架功能

通过假山产生地形的起伏,形成全园骨架。整个园子的地形骨架、起伏、曲折皆以此为基础来变化。总体布局都是以山为主,以水为辅,其中建筑并不一定占据主要地位,这类园林实际上是假山园。例如,南京的瞻园、上海的豫园、扬州的个园和苏州的环秀山庄等,总体布局都是以山为主,以水为辅,整个园子的地形骨架、起伏、曲折皆以假山为基础(图1-7)。

图1-7 假山景观

2. 空间组织功能

利用假山,可以对园林空间进行分隔和划分,将空间分成大小不同、形状各异、富有变化的形态。通过假山的穿插、分隔、夹拥、围合和汇聚,创造出路和溪流的流动空间、峡谷的纵深空间、山洞的拱弯空间等各具特色的空间形式。用假山组织空间还可以结合障景、对景、漏景、框景、借景、夹景等手法灵活运用。如北京的圆明园、颐和园的某些局部,苏州的网师园、拙政园的某些局部,承德的避暑山庄等。

中国园林善于运用各种构景的手法,根据用地功能和造景特色将园子化整为零,形成丰富多彩的景区。这就需要划分和组织空间,划分空间的手段很多,但利用假山划分空间是从地形骨架的角度来划分,具有自然和灵活的特点。特别是用山水相映成趣来组织空间,使空间更富于性格的变化。假山还能将游人的视线或视点引到高处或低处,创造仰视或俯视的条件。

3. 造景功能

假山作为中国古典园林中最具文化特色的一部分,已成为中国园林的象征。自然界的奇峰异石、悬崖峭壁、层峦叠嶂、深峡幽谷、泉石洞穴、海岛石礁等景观形象,都可以通过假山石景在园林中再现出来。在庭院中、园路边、广场上、墙角处、水池边,甚至在屋顶花园等多种环境中,假山和石景还能作为观赏小品,用来点缀风景、增添情趣。各式各样的假山与置石,可以减少建筑物线条生硬、平淡的弊端,增加自然、生动的气氛,使人工美通过假山之石与自然山水相协调。因此,假山是中国园林最普遍、最灵活和最具体的一种造景手段。

如苏州留园东部庭院的空间基本上是用山石和植物装点的,有的以山石作花台,或以石峰凌空,或借粉墙前散置,或以竹石结合作为廊间转折的小空间和窗外的对景。例如"揖峰轩"这个庭院,在大天井中部立石峰,天井周围的角落里布置自然多变的山石花台,就是小天井或一线夹巷,也布置以适宜体量的特置石峰。游人环游其中,一个石景往往可以兼作几条视线的对景。石景又以漏窗为框景,增添了画面层次和明暗变化。

作为附属性的景物成分,山石还被广泛用于陪衬、烘托其他重要景物。例如,在草坪上的孤植风景树下半埋两三块山石,在园林、湖池、溪涧边作山石驳岸,用自然山石作花台的边缘石,或作为其他特置景物的基座石,在亭廊前放置山石与建筑相伴等,都可以很好地陪衬主景。

4. 工程功能

在陡坡或湖泊、溪流岸边散置山石可以作为护坡、驳岸和挡土墙,或作为花台、蹬道、汀步和云梯等。在坡度较陡的土山坡常散置山石以阻挡和分散地面径流,降低地面径流的流速,从而减少水土流失。例如北海琼华岛南山部分的群置山石、颐和园龙王庙土山上的散点山石等都有减少冲刷的效用。在坡度更陡的山上往往开辟成自然式的台地,在山的内侧所形成的垂直土面多采用山石作挡土墙。自然山石挡土墙的功能和规则式挡土墙的基本功能相同,而在外观上曲折、起伏,凸凹多致。例如颐和园的"圆朗斋""写秋轩",北海的"酣古堂""亩鉴室"周围都是自然山石挡土墙的佳品。

5. 使用功能

山石也可以进行加工,做成室内外的家具或器设,如石榻、石桌、石凳、石琴、石栏和石屏风等,石材家具不怕日夜暴露,也不怕风雨侵蚀,同时可以结合造景。例如现置无锡惠山山麓唐代之"听松石床"(又称"偃人石",图1-8),床、枕兼得于一石,石床另一端又镌有李阳冰所题的篆字"听松",是实用结合造景的好例子。此外,山石还用作室内外楼梯(称为云梯)、园桥、汀石和镶嵌门、窗、墙等。

山石布置在草坪上、树下,可以代替园林桌凳,具有自然别致的实用效果。此外,山石上还可以刻字,作为景名、植物名的标牌石,指引路线的指路石和警示游人的劝诫石等。

图 1-8　听松石床

第四节　假山常用石材

我国幅员辽阔,地质条件复杂,全国各地有不同种类的石材出产。在古代,假山石名称一是根据产地命名,如产于太湖的太湖石、产于安徽灵璧的灵璧石等;二是根据石头的颜色或是特征来命名,如北京青石、常熟黄石等。下面我们就介绍造园中常用的假山石材的种类。

太湖石在江南
园林中的应用

1. 太湖石

太湖石因原产于太湖一带而得名,真正的太湖石原产于苏州所属太湖中的西洞庭山,江南其他湖泊区也有出产,其中消夏湾一带出产的太湖石品质最优良。太湖石是一种多孔、玲珑剔透的石头,色泽于浅灰中露白色,比较丰润、光洁,紧密的细粉砂质地,质坚而脆,纹理纵横、脉络显隐。轮廓柔和圆润,婉约多变,石面环纹、曲线婉转回还,穴窝(弹子窝)、孔眼、漏洞错杂其间,使石形变异极大。李斗的《扬州画舫录》中记载"太湖石乃太湖石骨,浪击波涤,年久孔穴自生"。太湖石的形成,首先要有石灰岩。苏州太湖地区广泛分布 2 亿～3 亿年前的石炭纪、二叠纪、三叠纪时代形成的石灰岩,成为太湖石丰富的物质基础。尤以 3 亿年前石炭纪时,深海中沉积形成的层厚、质纯的石灰岩为最佳,往往能形成质量上乘的太湖石。丰富的地表水和地下水,沿着纵横交错的石灰岩节理裂隙,无孔不入,溶蚀或经太湖水的浪击波涤,使石灰岩表面及内部形成许多漏洞、皱纹、隆鼻、凹槽。不同形状和大小的洞纹鼻槽有机巧妙地组合,就形成了漏、透、皱、瘦,玲珑剔透,蔚为奇观,犹如天然的雕塑品,观赏价值比较高。苏州留园的"冠云峰"(图 1-9)、苏州第十中学的"瑞云峰"、上海豫园的"玉玲珑"、杭州西湖的"绉云峰"被称为太湖石中的四大珍品。

2. 易州怪石

易州怪石亦称北太湖石,产于易县西部山区,其石质坚硬、细腻润朗,颜色为瓦青,以奇秀、漏透、皱瘦、浑厚、挺拔、秀丽为特征。由于大自然的造化,太湖石千姿百态,玲珑剔透,形态荒诞怪异,别具特色。有的像飞禽,形似孔雀梳羽;有的小巧可爱,像小狗静卧,憨态可掬;有的像玉兔,活灵活现;有的浑厚、壮观,酷似骏马奔腾;有的挺拔如山峰,雄伟宏

图 1-9 "冠云峰"

大。这一幅幅逼真美丽的图画,引人遐想,令人陶醉,成为建造园林假山、点缀自然景点理想的天然材料。

3. 房山石

房山石产于北京房山大灰厂一带山上,也是石灰岩,但为红色山土所渍满(图 1-10)。新开采的房山岩呈土红色、橘红色或更淡些的土黄色,日久以后表面带些灰黑色。质地不如南方的太湖石那样脆,但有一定的韧性。这种山石也具有太湖石的涡、沟、环、洞的变化,因此也有人称它们为北太湖石。它除了颜色与太湖石有明显区别以外,容重也比太湖石大,扣之无共鸣声,多密集的小孔穴而少有大洞。因此,房山石外观比较沉实、浑厚、雄壮,与太湖石外观轻巧、清秀、玲珑是有明显差别的。和房山石比较接近的还有镇江所产的砚山石,其形态颇多变化而色泽淡黄清润,扣之微有声;也有灰褐色的,石多穿眼相通。

山石的种类 1 视频

图 1-10 房山石

4. 英石

英石,始拓产于英德,故又称英德石。岭南园林中有用这种山石掇山,也常见于几案石品。英石质坚而特别脆,用手指弹扣有较响的共鸣声。多为灰黑色,但也有灰色和灰黑色中含白色晶纹等其他颜色。由于色泽的差异,英石又可分为白英、灰英和黑英。灰英居多而价低。白英和黑英甚为罕见,这种山石多为中、小形体,但多为盆景用,很少见有较大块的。现存广州市西关逢源大街 8 号名为"风云际会"的假山完全用英石掇成，别具一种风味（图 1-11）。

图 1-11　英石

5. 灵璧石

灵璧石原产安徽省灵璧县，石产土中，被赤泥渍满，需刮、洗、刷方显本色。灵璧石形成于晚元古代震旦纪期间（距今 8 亿～4.4 亿年），经过吕梁构造运动，海水漫及境内，使灵璧成为一片浅海的海滨。这个时期，原先藻类植物大量繁殖生长，形成礁体，在海相沉积作用下，发育成各类石矿体（图 1-12）。在震旦系构造上沉积并形成了震旦系—奥陶系的碳酸盐岩石。进入古代（距今 4 亿～2.3 亿年），经过加里东构造运动，地壳抬升为陆地。后经过华力西构造运动，又下沉为浅海潟湖。直至中生代（距今约 2 亿年），经印支构造运动后，这一带才隆起为陆地，海水从此销声匿迹。同时，在印支结构运动期间，境内地层发生了褶皱和断裂。在侏罗纪晚期至白垩纪，又发生了燕山构造运动，伴有火山岩喷发活动，出现了岩浆岩地质。进入新生代（距今 1.2 亿年），在石灰岩溶蚀地区沉积了第三纪地层。近 100 万年，形成了第四纪冲积平原地层。上述地层多数隐伏于第四系之下，少数零星出露在低山丘陵的剥蚀残丘处。经过复杂漫长的地理变化，形成了特殊地质和造型的灵璧石。唐宋时期，灵璧石被列为贡品，和英石、太湖石、昆石同被誉为"中国四大名石"。清代，被乾隆封为"天下第一石"。

图 1-12　灵璧石假山

灵璧石质地细腻温润，滑如凝脂，石纹褶皱缠结、肌理缜密，石表起伏跌宕、沟壑交错，造型粗犷峥嵘、气韵苍古。常见的石表纹理有胡桃纹、蜜枣纹、鸡爪纹、蟠螭纹、龟甲纹、璇玑纹等多种，有些纹理交相异构、窦穴委婉，富有韵律感。其石中灰色且甚为清润，质地亦脆，用手弹、敲打亦有共鸣声。石面有坳坎的变化，石形亦千变万化。灵璧石按形态、质地、声音、颜色、纹理可分为青黛灵璧石、灵璧纹石、灵璧皖螺石、五彩灵璧石、白灵璧石、灵璧透花石、红灵璧石等七类。青黛灵璧石:颜色青黑,敲击发出清脆声音。灵璧纹石:颜色青黑,表面有直线、弧线、圈线及金钱、蝴蝶、祥云中一种或多种不规则状纹理。灵璧皖螺石:表面呈螺旋状突起(形似螺壳),颜色为红、黄、灰色。五彩灵璧石:一块石体呈多种颜色,有黄、绛、红、青、白色等。白灵璧石:颜色部分或大部分为纯白色,其余部分为青、灰色。灵璧透花石:颜色黑、灰,表面有人物、植物、山川、清溪、汉画等图案,有较强墨韵感。红灵璧石:石头通体为红色。根据以上论述可知,灵璧石的主要特征是声、形、质、色、纹、意六美。以神、韵、皴、雄、秀的瑰丽多姿闻名于世。

6. 宣石

宣石产于安徽省宁国市。初出土时表面有铁锈色,经刷洗过后,时间久了就转为白色;或在灰色山石上有白色的矿物成分,好似皑皑白雪盖于石上,具有特殊的观赏价值。此石极坚硬,石面常有明显棱角,皴纹细腻且多变化,线条较直。

以上六种均属于湖石类。

7. 黄石

与太湖石齐名,为中生代红、黄色砂、泥岩层岩石的一种统称,它是一种呈茶黄色的细砂岩,以其黄色而得名(图1-13)。名贵的有孔雀石、方解石、鱼眼石、菊花石;普通的有石灰石、大理石、铁矿石、硅灰石。质重、坚硬,形态浑厚沉实、拙重顽夯,且具有雄浑挺括之美。采下的单块黄石多呈方形或长方墩状,少有极长或薄片状者。由于黄石节理面接近于相互垂直,所形成的峰面具有棱角锋芒毕露,棱之两面具有明暗对比、立体感较强的特点,无论掇山、理水都能发挥出其石形的特色。

黄石假山视频

图1-13　黄石

宋代是黄石砚开发利用最兴旺的时代,大书法家米芾、黄庭坚等在其诗中高度赞扬了黄石砚。尤其是米芾,他在《砚史》中提到黄石砚达七八次,曾曰:"向日视之,如玉莹,如鉴光,而着墨如澄泥不滑。稍磨之,墨已下而不热生泡,生泡者,胶也。古墨无泡,胶力尽也。若石滑磨久,墨下迟,则两刚生热,故胶生泡也。此石既不热,良久墨发生光,如漆如油,有艳不渗也。岁久不乏,常如新成,有君子一德之操。色紫可爱,声平而有韵。亦有澹青白色,如月如星而无晕。此石近出,始见十余枚矣。"一直视其为心中瑰宝。明代计成在《园冶》一书中认为黄石的特点在于其石质坚实、石纹古朴,书中记载的出产黄石的地区有常州黄山、苏州尧峰山、镇江圌山等。黄石用于叠山的优点在于落脚容易,缺点在于不易封顶,多用于叠险景和造人工瀑布。著名的黄石叠山有上海豫园黄石假山(由明嘉靖时园林叠石大家张南阳所叠)、扬州个园黄石假山(秋山)和苏州耦园黄石假山(其叠石手法被考证为与豫园假山类似)。

8. 千层石

千层石也称积层岩,属于海相沉积的结晶白云岩,石质坚硬致密,外表有很薄的风化层,比较软;石上纹理清晰,多呈凹凸、平直状,具有一定的韵律,线条流畅;层石是沉积岩的一种,其纹理成层状结构,在层与层之间夹一层浅灰岩石,石纹呈横向,外形似久经风雨侵蚀的岩层。因其沉积年代及硅化程度的不同,形成的层理结构迥然有异,沉积年代久远的千层石近于玉质。千层石外形平整,石形扁阔,纹理独特。千层石可用于点缀园林、庭院,或作厅堂供石,也可制作盆景。以此石叠制的假山,纹理古朴、雄浑自然,易表现出陡峭、险峻、飞扬的意境,给观赏者以高山流水、归游自然的欣悦(图1-14)。

山石的种类2视频

图1-14 千层石

安徽灵璧千层石,有土黄色的、土红色的,也有白色的,还有一层黑一层白的。大到几十吨一块的,小到拳头大小的不等,质地优良,层次鲜明深刻,像一层一层叠上去的层书一样,是千层石中的精品。浙江千层石,产于浙江省衢州市常山县、江山市等地。该石多呈方形,有深灰、褐、土黄等色。表面横向层状纹理层层叠叠,似流云般飘逸。体量小至几十厘米,大至几米,单块重量可达1吨左右。其质地极为坚硬,以硬物敲击石体突出部位可发出金属般的声音。造型姿态或雄伟厚实、或细腻生动、或婉转玲珑,极具欣赏价值,是园林景观、堆叠假山瀑布之佳材。黑白道为产于震旦系上部望山组特有的薄层灰黑色泥晶——微晶灰岩,与黄绿色、浅灰色、灰白色粉细晶灰岩呈薄层互层状的石种,表现为黑白相间的平行条带状组合,产于江苏徐州铜山郭集一带。莲花石产于上寒武统凤山组上段,地质技术人员通称为"大窝卷",为地层标志层,在徐州铜山汉王镇等地可见。竹叶石为砾屑灰岩经风化与岩溶作用而形成的块石,产于汉王镇班井村一带的山峦之中。除此之外,还有河北沙石峪千层石、香港千层石等。

9. 青石

属于水成岩中呈青灰色的细砂岩,质地纯净而少杂质。由于是沉积而成的岩石,石内就有一些水平层理。水平层的间隔一般不大,所以石形大多为片状,因而有"青云片"的称谓。石形也有一些块状的,但呈厚墩状者较少。这种石材的石面有相互交织的斜纹,不像黄石那样一般是相互垂直的直纹。青石在北京园林假山叠石中较常见,在北京西郊洪山口一带都有出产。

10. 石笋石

石笋石产于浙江与江西交界的常山、玉山一带(图1-15)。颜色多为淡灰绿色、土红灰色或灰黑色。质重而脆,是一种长形的砾岩岩石。石形修长呈条柱状,立于地上即为石笋,顺其纹理可竖向劈分。石柱中含有白色的小砾石,如白果般大小。石面上"白果"未风化的,称为龙岩;若石面砾石已风化成一个个小穴窝,则称为风岩。石面还有不规则的裂纹。

图1-15　石笋石

11. 水秀石

水秀石颜色有黄白色、土黄色至红褐色,是石灰岩的砂泥碎屑,随着含有碳酸钙的地表水被冲到低洼地或山崖下沉淀凝结而成。石质不硬,疏松多孔,石内含有草根、苔藓、枯枝化石和树叶印痕等,易于雕琢。其石面形状有:纵横交错的树枝状、草秆化石状、杂骨状、粒状、蜂窝状等凹凸形状。

12. 斧劈石

我国较多地区都出产斧劈石,以江苏武进、丹阳的斧劈石最为著名(图1-16)。斧劈石属硬质石材,其表面皴纹与中国画中的"斧劈皴"极似。四川川康地区也有大量此类石材,但

图 1-16　斧劈石

因石质较软,可开凿分层,又称"云母石片"。斧劈石属页岩,经过长期沉淀形成,成分主要是石灰质和碳质。色泽上以深灰、黑色为主,也有灰中带红锈或浅灰等变化,这是因石中铁及其他金属成分变化所致。斧劈石因其形状修长、刚劲,造景时做剑峰绝壁景观,尤其雄秀,色泽自然。但因其本身皴纹凹凸变化反差不大,所以技术难度较高,而且吸水性能较差,难以生苔,盆景成型后维护管理也有一定难度。大型园庭布置中多采用这种石材。

13. 吸水石

吸水石又名上水石,学名为碳酸钙水生苔藓植物化石。吸水石的实质是沙积石,软而脆,吸水性特别强。吸水石由于软而脆易于造型,可随意凿槽、钻洞,雕刻出各式各样的形状(图 1-17)。吸水石吸水性能强,盆中蓄水后,顷刻可吸到顶端。石上可栽植野草、苔藓,青翠苍润,为制作盆景的佳石。吸水石上大大小小的天然洞穴很多,有的互相穿连通气,这也是其吸水性强的主要原因。在吸水石的洞穴中,填上泥土可植花草,大的洞穴可栽树木,由于石体吸水性强,植物生长茂盛,开花鲜艳。吸水石可以散发湿气,用它造假山

山石的种类 3 视频

图 1-17　吸水石

或盆景,有湿润环境的作用。北京房山区西南部的十度,河北邯郸市磁县、保定市易县,山东枣庄市山亭区水泉镇、临朐县龙岗镇、上林镇,山西运城市中条山一带,安徽池州市贵池区大王洞风景区等地均出产吸水石,每个地区出产的吸水石由于地质条件不同,皆有不同的特征。鉴别真假吸水石的方法:把吸水石放在浅水里,大部分露在外面,看吸水效果如何,吸水能力越强说明质量越好。

14. 鹅卵石

鹅卵石作为一种纯天然的石材,取自地壳运动后古老河床隆起产生的砂石山中。鹅卵石的主要化学成分是二氧化硅,其次是少量的氧化铁和微量的锰、铜、铝、镁等元素及化合物。它们本身具有不同的色素,如赤红的为铁,蓝的为铜,紫的为锰,黄色半透明的为二氧化硅胶体石髓,翡翠色含绿色矿物等。由于这些色素离子溶入二氧化硅热液中的种类和含量不同,因而呈现出浓淡、深浅各不相同的色彩,使鹅卵石呈现出黑、白、黄、红、墨绿、青灰等色系。

鹅卵石产品有天然颜色的机制鹅卵石、河卵石、雨花石、干粘石、喷刷石、造景石、木化石、文化石、天然色理石米等。鹅卵石质地坚硬,色泽鲜明古朴,具有抗压、耐磨、耐腐等特性,是一种理想的园林装饰石材,多用作园林的配景小品,如路边、草坪、水池旁等的石桌石凳以及棕榈树、蒲葵、芭蕉、海芋等植物处的石景。

15. 黄蜡石

它是具有蜡质光泽,圆光面形的墩状块石,也有呈条状的,其产地主要分布在我国南方各地。此石以石形变化大、面无破损、无灰砂,表面滑若凝脂、石质晶莹润泽者为上品,一般也多用作庭园石景小品,将墩、条配合使用,成为更富于变化的组合景观(图1-18)。

图1-18 黄蜡石

16. 钟乳石

钟乳石广泛出产于江苏宜兴、广西桂林、湘西、贵州等地,多为乳白色、乳黄色、土黄色等颜色。质优者洁白如玉,为石景珍品;质色稍差者可作假山(图1-19)。钟乳石质重,坚硬,是石灰岩被水溶解后又在山洞、崖下沉淀生成的一种石灰华。石形变化大,石内较少孔洞,石的断面可见同心层状构造。这种山石的形状千奇百怪,石面肌理风韵,用水泥砂浆砌假山时附着力强,山石结合牢固,山形可根据设计需要随意变化。

图 1-19　钟乳石

17. 松皮石

松皮石产于衢州地区常山县砚瓦山村的龙头山。该石属观赏石品种中的稀有石种,因其石肤多呈古松鳞片状,故得其名。松皮石常见黑、黄两色,形态多有变异,表面会有很多的小孔,却多见似树桩者,由于石皮似松,更显出树桩的苍劲雄浑。也有的形如古陶状,观之抚之,古色古香,别有一番韵味(图 1-20)。

假山置石材料

图 1-20　松皮石

松皮石主要作为园林用石,也是水族箱造景的石头。在水族箱造景,一般不会改变水质,呈现偏酸性,使水质变硬。该石种可大量用于园林、庭院的造景,大方古朴。

第二章　假山石置石技艺

第一节　置石技术

置石是指将体量较大、形态奇特、具有较高观赏价值的山石单独布置成景的一种置石方式，亦称单点、孤置山石。置石应选用体量大、轮廓线分明、姿态多变、色彩突出、具有较高观赏价值的山石。布置环境：常用作入门的障景和对景，或置于廊间、亭侧、天井中间、漏窗后面、水边、路口或园路转折之处。特置山石也可以和壁山、花台、岛屿、驳岸等结合布置。现代园林中的特置多结合花台、水池、草坪或花架来布置。特置好比单字书法或特写镜头，本身应具有比较完整的构图关系，古典园林中的特置山石常镌刻题咏和命名。布置要点：置石布置的要点在于相石立意，山石体量与环境应协调；前置框景，背景衬托和利用植物弥补山石的缺陷等。

置石艺术1视频

一、置石方式

1. 特置

由于某个单块山石的姿态突出，或玲珑或奇特，立之观赏时，就特意摆在一定的地点作为一个小景或局部的一个构图中心来处理，这种理石方法就叫做特置。特置最大的特点就是有基座，也可以坐落在山石上面，这种自然的基座称为磐，多用整块体量巨大、造型奇特和质地、色彩特殊的石材做成。常用作园林入口的障景和对景、漏窗或地穴的对景。特置也可以小拼大，不一定都是整块石料。无论是自然界著名的孤立巨石还是园林里的特置，都有题名、诗刻、历史传说等以渲染意境，点明特征（图2-1）。

特置可在正对大门的广场上，门内前庭中或是别院中，如单峰石、象形石、石供石等都可作为特置式。这种方式在园林中应用得比较多，如苏州第十中学内的"瑞云峰"、上海豫园中的"玉玲珑"、杭州花圃的"绉云峰"被誉为"江南三大名石"的特置典范。其他还有苏州留园的"冠云峰"，北京颐和园的"青芝岫"，北海公园的"云起"，故宫御花园内的钟乳石、珊瑚石、木化石等，都是因其石形、石态、石质等具有独特观赏效果，而被选作为特置。

特置山石传统做法：特置山石在工程结构方面要求稳定和耐久，其关键是掌握山石的重心线以保持山石的平衡。传统立峰一般用石榫头固定，《园冶》中有"峰石一块者，相形何状，选合峰纹石，令匠凿笋眼为座"，就是指这种传统做法：是用石榫头定位，石榫头必须在重心线上，其直径宜大不宜小，榫肩宽3cm左右，榫头长度根据山石体重大小而定，一

图 2-1 "青芝岫"

一般从十几厘米到二十几厘米。榫眼的直径应大于榫头的直径,榫眼的深度略大于榫头的长度,这样可以保证榫肩与基磐接触可靠稳固。吊装山石前须在榫眼中浇入少量黏合材料,待石榫头插入时,黏合材料便可自然充满空隙。在养护期间,应加强管理,禁止游人靠近,以免发生危险。

假山置石技术与千层石堆砌技术

特置山石还可以结合台景布置。台景也是一种传统的布置手法,用石头或其他建筑材料做成整形的台,内盛土壤,台下有一定的排水设施,然后在台上布置山石和植物。或仿作大盆景布置,使人欣赏这种有组合的整体美。

2. 孤置

孤置是指利用具有一定观赏效果的单个山石,直接放置或半埋置在地面上。它与特置的区别是没有特设的基座,观赏价值也没有特置那样高,山石来源也没有特置珍贵,但与一般山石相比,具有较强的观赏效果(图 2-2)。

孤置的石景一般能点缀环境,主要是起陪衬景物的作用,是园林建筑中的附属景物。因此,它常在楼亭旁、湖水畔、大树下、草坪上等处进行点缀布置。在山石选材方面,孤置的要求并不高,只要石形是自然的,石面是风化所形成而不是人工劈裂或雕琢形成的,都可以用。当然,石形越奇特,观赏价值越高,孤置的布置效果就越好。

3. 对置

对置是指沿建筑中轴线两侧将山石作对

图 2-2 孤置

图 2-3　对置

称布置。园林主景两侧或者道路出入口两侧布置两块山石,这两个石景的体量、形态等可以是对称的,也可以不对称,根据环境需要而定,以陪衬环境、丰富景色(图 2-3)。选用的石材最好是有一定奇特性和观赏价值,即能够作为单峰石使用的山石。对置在北京古典园林中运用得较多,如颐和园仁寿殿前的山石布置和北京可园中对置的房山石等。

4. 散置

散置是仿照山野岩石自然分布之状而施行点置的一种手法,即运用"攒三聚五"的做法,也称为散点。散置并非散乱随意点摆,而是按照艺术美的规律和法则搭配组合,有一种韵律之美。散置山石时,将大小不等的山石零星布置成有散有聚,有疏有密,有立有卧,顾盼呼应,主次分明,远近适合,使之成为一组有机整体。切不可众石纷杂,零乱无章。运用范围:散置的运用范围甚广,在土山的山麓、山坡、山头,在池畔水际,在溪涧河流中,在林下、在花径、在路旁,均可以散点山石而得到意趣(图 2-4)。

置石艺术 2 视频

图 2-4　散置

散置按体量不同,可分为大散点和小散点。小散点如北京中山公园松柏交翠亭附近的做法,深埋浅露,有断有续,散中有聚,脉络显隐。

大散点也称为群置,它在用法和要点上与散置基本相同,只是占空间比较大,需要大面积的置石与环境。

5. 群置

群置是指运用数块山石,以较大的密度,有散有聚、相互呼应,成群布置在一定范围之内的一种布置方式,亦称聚点。要求石块大小不等,可以包含一个或几个子母石,做到疏密有致,前后错落,左右呼应,高低不一,形成生动的自然石景,仿造山地环境气氛。这类置石的材料要求可低于对置,但要组合有致(图2-5)。

图2-5 群置

群置常用于园门两侧、廊间、粉墙前、路旁、山坡上、小岛上、水池中或与其他景物结合造景。如苏州耦园二门两侧,几块山石和松枝结合护卫园门,共同组成诱人入游的门景。避暑山庄卷阿胜境遗址东北角尚存山石一组,寥寥数块却层次多变、主次分明、高低错落,具有寸石生情的效果。群置的关键手法在于一个"活"字,这与我国国画石中所谓"攒三聚五""大间小、小间大"等方法相似。布置时要主从有别,宾主分明,搭配适宜,根据"三不等"原则(即石之大小不等,石之高低不等,石之间距不等)进行配置。群置山石还常与植物相结合,配置得体,妙趣横生,景观之美,足可入画。

6. 山石器设

山石器设既可独立布置,又可与其他景物结合布置。在室外可结合挡土墙、花台、水池、驳岸等统一安排;在室内可以用山石叠成柱子作为装饰(图2-6)。

图2-6 山石器设

山石器设用山石做室内外的家具或器设也是我国园林中的传统做法。李渔在《闲情偶寄》中讲:"若谓如拳之石亦须钱买,则此物亦能效用于人,岂徒为观瞻而设? 使其平而可坐,则与椅榻同功;使其斜而可倚,则与栏杆并力;使其肩背稍平,可置香炉茗具,则又可代几案。花前月下,有此待人,又不妨于露处,则省他物运动之劳,使得久而不坏,名虽石也,而实则器矣"。

山石几案不仅具有实用价值,而且可与造景密切配合,特别适用于有起伏地形的自然地段,这样很容易与周围的环境取得协调,既节省木材又坚固耐久,且不怕日晒雨淋,无须搬进搬出。山石几案宜布置在林间空地或有树木遮阴的地方,以免游人受太阳暴晒。山石几案虽有桌、几、凳之分,但切不可按一般家具那样对称安置。如几个石凳大小、高低、体态各不相同,却又很均衡地统一在石桌周围,西南隅留空,植油松一株以挡西晒;又如湖石点置山石几案,尺度合宜,石形古拙多变,渲染了仙人洞府的气氛。

二、置石的基本要点

假山是中国园林的典型组景手段,作为景观小品来讲,峰石更具艺术类景观小品的特点。对置石的施工有其自身的特殊要求,石料到工地后放在地面上以供相石之需,石料搬运时可用粗绳结套,如一般常用的"元宝扣"使用方便,结活扣而靠石料自重将绳紧压,山石基本到位后因"找面"而最后定位为"超",走石用铁撬棍操作,可前、后、左、右移动到理想位置。大的孤置石一定要放稳重心,可用手拉葫芦、电动葫芦或起重机把峰石吊起。基础要事先准备好,有基座的峰石要在峰石立好稳定之后再砌外部基座。放稳山石后,一种是撑住石体在下面添加碎石、碎砖,用水泥砂浆固定;另一种是自然石基座,先在石体上做榫,下边固定住的石体打孔,孔中注入水泥砂浆,把榫对准放入孔中再用水泥砂浆固定外部。在放峰石时,一定要做一定深度的基础,露出地面的石体才会稳固。

在现场安装时要注意以下几点:①掌握图纸,做好定位;②指派有实际经验的技术人员进行现场指挥,必须指派现场安全员;③搬动大型石材必须注意安全,现场要有安全员,检查搬运工具是否齐全;④事先设计要搬运的路线;⑤石材安装必须牢固,以免危害他人安全。

三、置石的施工方法

这里主要讲特置的施工方法(图 2-7),其他几种可参考特置的施工程序进行制作。特置的施工程序如下:

(1)施工放线。根据设计图纸的位置与形状在地面上放出置石的外形轮廓。一般基础施工要比置石的外形宽。

(2)挖槽。根据设计图纸来挖基槽的大小与深度。

(3)基础施工。特置的基础在现代的施工工艺中一般都是浇灌混凝土,至于砂石与水泥的混合比例关系、混凝土的基础厚度、所用钢筋的直径等,则要根据特置的高度、体积、质量和土层的情况来确定。

(4)安装磐石。安装磐石时既要使磐石稳定,又要将磐石的三分之一保留在土壤中,这样置石就像从土壤中生长出来一样。

(5)立峰。立峰时一定要把握好山石的重心稳定。

图 2-7　峰石施工方法

1—起吊移石　2—重心稳石　3—基座处理

第二节　掇山艺术

假山因其用料多、体量大、山体形态变化丰富，因此布局严谨，手法多变，是艺术与技术高度结合的园林造型工艺。在传统的中国园林中，历代假山工匠多以山水画为指导，将自然山石掇叠成假山。掇山是用自然山石掇叠成假山的工艺过程，包括选石、采运、相石、立基、拉底、堆叠中层和结顶等工序。

一、假山的布置原则

假山布置最基本的要点是"巧于因借、因地制宜、有真有假、作假成真"，"虽由人作，宛自天开"。其中，"有真有假"是掇山的必要性，"作假成真"是掇山的具体要求，"宛自天开"是掇山的目标。要达到"作假成真""宛自天开"，具体原则如下：

假山的布置
原则 1

1. 相地合宜，造山得体

《园冶》中谓："如方如圆，似偏似曲；如长弯而环壁，似偏阔以铺云。高方欲就亭台，低凹可开池沼；卜筑贵从水面，立基先究源头，疏源之去由，察水之来历"，就很好地指出了在自然式园林中，在什么位置造山、造什么样的山、采用哪些山水地貌组合，都必须结合相地、选址，因地制宜地把主观要求和客观条件的可能性以及其他所有园林组成要素作统筹安排。如河北承德避暑山庄，在澄湖中设有"青莲岛"，岛上建有仿浙江嘉兴南湖的"烟雨楼",而在澄湖东部辟有仿江苏镇江金山寺的"小金山",既模拟了名景,又根据立地条件做了很好的具体处理,达到因地制宜、"构园得体"的效果。

2. 山水结合,相映成趣

中国园林工匠把自然风景看成一个综合的生态环境景观,山水又是自然景观的主要组成部分。假山在古代被称为"山子",指明真山是造园之母,足见"有假有真"的艺术效果。真山是以自然山水为骨架的自然综合体,必须基于这种认识来布置假山,才有可能获得"作假成真"的效果。而自然山水的轮廓和外貌是互相联系和互相影响的。"水无山不流,山无水不活",如果片面强调掇山叠石,忽略其他因素,必然会导致"山枯",缺乏活力。例如,江苏苏州拙政园中部以水为主,但池中又造山作为对景,山体再为水池的支流分割成主次分明、密切联系的两座岛山:形成了"山水结合,刚柔相济,动静结合"的景观,同时也奠定了拙政园的地形基础。

假山的布置
原则2

3. 巧于因借,混假于真

即充分利用环境条件造山。如果附近有自然山水相因,那就灵活地加以利用。在真山附近造假山是用混假于真的手段取得真假难辨的造景效果。北京颐和园的谐趣园,于万寿山东麓造假山,于万寿山之北隔长湖造假山,也有类似的效果。真假山夹水对峙,取假山与真山山麓相对应,令人真假难辨。混假于真的手法不仅可用于布局取势,也可用于细部处理。承德避暑山庄外八庙的假山、北京颐和园的画中游等都是用本山裸露的岩石为材料,把人工堆的山石和自然露岩相混布置,做到了混假于真的效果。位于江苏无锡惠山东麓的寄畅园借九龙山、惠山于园内远景,在真山面前造假山,达到如同一脉相贯的效果。

4. 主次分明,相辅相成

所谓"先立宾主之位,次定远近之形,然后穿凿景物,摆布高低",就是在假山布置时要先立主体,然后依次作配,突出主景。布局时应先从园之功能和意境出发,并结合用地特征来确定宾主之位,处理好假山的主从关系,切忌不顾大局和喧宾夺主。

5. 三远变化,步移景异

假山在处理主次关系的同时,还必须结合"三远"理论来安排。宋代郭熙在《林泉高致》中载:"山有三远:自山下而仰山巅,谓之'高远';自山前而窥山后,谓之'深远';自近山而望远山,谓之'平远'"。假山不同于真山,多为中、近距离观赏,因此主要靠控制视距实现。在堆山时把主要视距控制在1:3以内,实际尺寸并不是很大,身临其境犹如置身于山谷之中,达到三远变化的艺术效果。同时,堆山处理还要达到步移景异的效果,正如《林泉高致》中提到的:"山近看如此,远数里看又如此,远十数里看又如此,每远每异,所谓'山形步步移'也。山正面如此,侧面又此,背面又此,每看每异,所谓'山形面面看'也"。

在处理假山三远变化时,高远、平远比较容易,而深远由于要求在游览路线上能给山体层层深厚的观感,因此不容易处理。另外,假山不同于真山,多为中近距离观赏,因此在处理时必须靠控制视距才能奏效。

6. 远观山势,近看石质

假山堆叠既要体现整体布局、整体结构,又要重视细部处理。远观山势中的"势"是指山的轮廓、山的形态、山的走向;近看石质中的"质"是指山石的自然形态、轮廓、质地、色泽、纹理,以及山石的组合、镶石与勾缝等。合理的布局和结构还必须落实到假山的细部处理上,不同石材有不同的细部效果,如湖石外观有圆润柔曲、玲珑剔透、皱纹疏密等特点,黄石表现为凹凸成层和不规则的多面体。

7. 寓情于石,情景交融

掇山很重视内涵与外表统一,常采用象形、比拟和激发联想的手法造景。把假山布置和古人追求的意境联系在一起。所谓"一池三山""片山有致,寸石生情",也是要求无论置石或掇山都要追求"弦外之音"的效果,如江苏扬州个园四季假山将一年四季的景色寓意在山石景物之中就是一例。

山石工程理论
知识讲解 1

二、假山的布置形式

古人造山非常重视山体局部景观的创造,虽然叠山有定法却无定式,在局部山景的创造上逐步形成了一些优秀的形式。常见的假山布置形式有峰、岩崖、洞、谷、山道等(图 2-8)。

假山布置原则 3

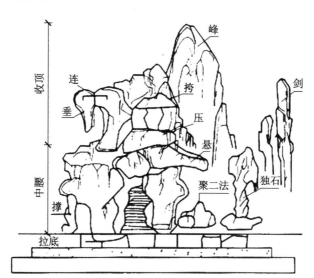

图 2-8 掇山艺术

(1)峰。峰石的选择和堆叠必须和整个山形相协调,大小比例恰当,峰石可为单块石块,也可多块叠掇而成。巍峨而陡峭的山形,峰态应尖削,具峻拔之势。以石横纹参差层叠而成的假山,石峰均横向堆叠,犹如山水画的卷云,而立峰犹如祥云冉冉升起,能取得较好的审美效果。人工堆叠的山,除了大山以建筑来加强高峻之势外,一般多以叠石来表现山峰的挺拔险峻之势。山峰有主次之分,主峰居于显著的位置,次峰无论在高度、体积还是姿态等方面均次于主峰。

(2)岩崖。叠山而理岩崖,为的是体现陡险峭拔之美,而且石壁上的立面是题诗刻字的最佳处所。诗词石刻为绝壁增添了锦绣,为环境增添了诗情画意。岩崖石壁上再用古树点缀,更给人以奇情险峻的美感。

（3）洞。岩洞在园林中不仅可以吸引游人探奇、寻幽,还可以打破空间的闭锁,产生虚实变化,丰富园林景色,联系景点,延长游览路线,改变游览方式,扩大游览空间。岩洞,深缝幽暗,具有神秘感和奇异感。岩洞的构筑最能体现传统假山合理的山体结构与高超的施工技术。精湛的叠山技艺创造了多种山洞结构形式,有单洞和复洞、水平洞和爬山洞、单层洞和多层洞等形式。

（4）谷。谷是掇山中创作深幽意境的重要手法之一。谷可理解为两山间的夹道或流水道。大多数的谷,中间都是山道或者流水,平面呈曲折的窄长形。园林中的谷在山中婉转曲折,峰回路转,引人入胜。人工堆叠的假山,外部有山林野趣,内部也是谷洞相连。从外面看,迂回曲折、错落有致;走入内部,更是迂回不尽,扑朔迷离。

（5）山道。山道即登山的道路,一般由石材堆叠而成,是山体的一部分。随谷而曲折,随崖而高下,虽刻意而为,却与崖壁、山谷融为一体。山道若设计巧妙,可以做到蜿蜒曲折,可游、可赏、可居之意境,达到"虽由人作,宛自天开"的艺术效果。

（6）山坡、石矶。山坡是指假山与陆地或水体相接壤的地带,具平坦、旷远之美。叠石山山坡一般以山石与植被相组合,山石大小错落,呈出入起伏的形状,并适当地间以泥土,种植花木,看似随意的淡、野之美,实则颇具匠心。石矶一般指水边突出的平缓的岩石。多数与水池相结合的叠石山都有石矶,使崖壁自然过渡到水面,给人以亲和感。

假山布置原则4

三、拼叠山石的基本原则

叠石造山无论其规模大小,都是由一块块形态、大小各异的山石拼叠而成的。叠石关键在于"源石之生,辨石之灵,识石之态",即根据石块特性——阴阳向背、纹理脉络、石形石质,使叠石生动、优美、形象。

（1）同质:同质指山石拼叠组合时,其品种、质地要一致。有时叠石造山,将黄石、湖石混在一起拼叠,由于石料的质地不同,石性各异,若违反了自然山川岩石构成的规律,强行将其组合,必然难以兼容,不伦不类,从而失去整体感。

（2）同色:即使山石品种、质地相同,其色泽亦有差异。如湖石就有灰黑色、灰白色、褐黄色和青色之别,黄石也有深黄、淡黄、暗红、灰白等色泽变化。所以除质地相同外,也要力求色泽上的一致或协调,这样才不会失其自然风格。

（3）接形:根据山石外形特征,将其互相拼叠组合,在保证预期变化的基础上又浑然一体,这就叫做"接形"。接形山石的拼叠面力求形状相似,拼叠面若凸凹不平,应以垫刹石为主,其次才用铁锤击打吻合。石形互接,特别讲究顺势:如向左,则先用石造出左势;如向右,则用石造成右势;欲向高处,先出高势;欲向低处,先出低势。

（4）台纹:形是指山石的外轮廓,纹是指山石表面的纹理脉络。当山石拼叠时,台纹就不仅是指山石原有的纹理脉络的衔接,还包括外轮廓的接缝处理。也就是说,当石料处于单独状态时,外形的变化是外轮廓。当石与石相互拼叠时,山石间的石缝就变成了山石的内在纹理脉络。所以,在山石拼叠技法中,以石形代石纹的手法就叫做台纹。

第三节　假山与其他要素结合

石景与环境之间的关系必须协调，才能达到审美观赏的要求与目的。与环境不协调的石景，无论其本身造型是多么好也不会使人获得美感，反而会使美好的环境受到视觉干扰和破坏。因此，处理好石景与环境的关系是十分必要的。石景的环境要素主要有建筑、水体、场地、植物等。

山石的综合布置

一、石景与水体

石景一般都能很好地与水环境相协调。水石结合的景观所给人的自然感觉更为强烈。在规则式水体中，石景一般不在池边布置，而常常布置在池中。但山石却不布置在水池正中，要在池中稍偏后和稍偏于一侧的地方布置。山石高度要与环境空间和水池的体量相称，石景（如卓峰石）的高度应小于水池长度的一半。在自然式水体中，石景可以布置在水边，做成山石驳岸、散石草坡岸或山石汀步、石矶、小岛、礁石等，使水面的变化更为丰富。山石驳岸在平面上要凹凸曲折变化，在立面上要有高低起伏变化，不得砌成直线岸墙。在散石草坡岸上，石景主要是以子母石、散兵石形式起点缀作用，目的是使草坡岸更加富于自然野趣。山石汀步作为水面上的游览道路，要避免因从水体中部横穿而对等地分割水体空间。石矶和礁石的布置，则一般应在距离岸边不远的水面上，与岸边保持紧密联系。石的数量不能太多，在水面上的分布也要力求自然，统一和调剂园林水岸线，巧妙地划分园林空间，创造出优美的景观。

二、石景与大场景

大场景可以是较大庭院的场地，也可是广场、游园、开阔地等。在大场地中布置石景，其周围空间立面上的景观不可太多，要保持空间的一定单纯性。石景的观赏视距至少要在石高的2倍以上，才能获得最佳观赏效果。大场景的铺装面层色彩不宜太多，略有一点浅淡颜色或简单图案即可。地面铺装一定不要与石景争夺视觉焦点。场地要保持平整，铺砌整齐，使环境具有整洁的特点。大场景形状既可为规则形状又可是自然形状的。有时，在规则的大场景环境中布置自然山石，由于强烈的对比作用，使山石显得很突出、很别致。直接布置在铺装大场景上的石景，数量不可多，两三块即可，要少而精，数量多了则会有零乱感。

三、石景与植物

植物作为石景最重要的环境要素之一，与石景的关系十分密切（图2-9）。凡做石景，最好能伴以绿化，否则就成了枯石秃峰，没有生气。能够与山势相配合造型的植物种类非常多，在自然式园林中山石常与竹、梅、芭蕉、苏铁、松、兰、菊相配做成石小景，可成为蕉石小景、苏铁石景、松石小景、梅石小景、兰石小景、菊石小景、竹石小景等。又如，用络石、常春藤、岩爬藤等依附于峰石生长，还可以用绿色来装饰峰石上部，但藤叶太多时必须疏枝疏叶，以免遮蔽峰石。

另外，山石还能与牡丹和芍药、杜鹃与山茶、南天竹等相结合做成山石花台。首先，花台

图 2-9　竹石对景

的组合要大小相间，主次分明，疏密有致；花台平面轮廓应有折有曲，进出变化，若断若续，层次深厚。在外围轮廓整齐的庭院中布置山石花台，应占边、把角、让心，即采用周边式布置，让出中心，留有余地。其次，花台的立面轮廓应有高低变化，切忌把花台做成"一码平"，这种高低变化要有比较强烈的对比才有显著的效果。一般是结合立峰来处理，但又要避免用体量过大的立峰堵塞院内的中心位置。花台除了边缘以外，花台中也可少量地点缀一些山石，花台边缘外面亦可埋置些山石，使之有更自然的变化（图 2-10、图 2-11）。

山石空间营造

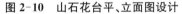

图 2-10　山石花台平、立面图设计　　　　图 2-11　山石花台组合设计

　　苏州狮子林燕誉堂前的花台作为厅堂的对景，靠墙而立。但由于位置居正中，形体又缺乏变化，显得有些呆板。花台两边虽有踏步引上，但并无佳景可观。由燕誉堂北进转入小方厅：这个院落的花台分为两部分，一个居中、一个占边，二者之间组成自然曲折的园路。由于它所倚之墙面有漏窗，加以竹丛等植物点缀。花台上峰石的位置既考虑本院落，又能结合从西面进入本院落的对景。自西东望，海棠形洞门里正好框取那块峰石成景。由小方厅西折到古五松园东院：这里用三个花台把院子分隔成几个有疏密和层次变化的空间。北边花台靠墙，南面花台紧贴游廊转角。在居中的花台立起作为这个局部主景的峰石。这组山石花台布置显然又丰富了许多。

　　花台的断面轮廓应既有直立，又有坡降和上伸下收的变化（图 2-12）。有的时候，需要将山石完全显露出来，就不宜从立面上对峰石进行绿化。在这种情况下，可对峰石下的

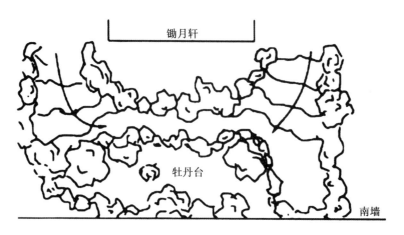

图 2-12　花台断面设计

地面进行绿化,以使石景有一个比较好的展示环境。

上海嘉定区秋霞圃内丛桂轩前的小院落,面积约 60 m²,却利用花台分隔院落。花台的体量合适,组合得体。从布局上看,大部分花台占据了院之东北部。西南部被很舒朗地空出来作为建筑前回旋的余地。于空廊中又疏点了一个腰形瘦小的花台和一块仄立的山石,显得特别匀称。花台自然组成了曲折和收放自如的路面。由于在布局上采用"占边角"的手法,空白的地面还是很大。花台上错落地安置了三块峰石,一主、一次、一配,而且形态各异,一瘦、一透、一浑,互相衬托。院落中对植桂花二株,墙角种有朴树、蜡梅和白玉兰。咫尺院落却运用花台做出了这些变化,既不臃肿,又不失空旷,实为难得。可惜被破坏后原景已荡然无存。

苏州怡园的牡丹花台位于锄月轩南,花台依南园墙而建,自然地跌落成三层,互不遮挡。两旁有山石踏跺抄手引上,因此可观可游。花台的平面布置曲折委婉,道口上石峰散立,高低观之多致,正对建筑的墙面上循壁山做法立起作主景的峰石。就是在不开花时,也有一番景象可览。

四、石景与建筑

第一,园林建筑常配合自然山石建设,可以使用坚硬的山石作基础,优点是不易进水、不易冻裂,并且承载力大,比较稳固,并且可以节约建筑建设的基础费用和人力资源。使用自然山石和建筑配合布置,还可以提高景观效果,满足人们亲近自然的愿望。

第二,石景与建筑结合的时候,我们可以将粉墙作为背景,嵌石于墙内,饰以树木花草,把三度空间的石景作为二度空间反映,产生浓厚的画意。还要考虑石景的体量,不能过大,否则会使人产生拥斥感,它们之间要有一定的距离,满足人们的视线欣赏需要。

第三,常与山石一起组合造景的建筑,主要是低层的较小建筑,如亭、廊、榭、轩等。在组合中的处理应当是:当以建筑物为主景时,则以山石为辅,衬托建筑或替代建筑的某些功能,如作为户外楼梯、屏风等;当以叠石为主景时,则以建筑为其提供独立的造景空间。常见形式有以下几种:

1. 踏跺与蹲配

中国的传统建筑一般多建在台基上,这样在建筑物的出入口就需要有台阶作为室内外的上下衔接。所谓踏跺即为用山石作为中国传统建筑出入口部位室内外上下台阶衔接的部分(图2-13)。踏跺又称涩浪。

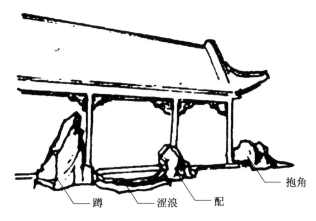

图 2-13　踏跺、蹲配与抱角

明代文震亨所著《长物志》中"映阶旁砌以太湖石垒成者曰涩浪"所指的山石布置就是这一种,是用于丰富建筑立面、强调建筑出入口的手段。中国传统的建筑多建于台基之上,出入口的部位就需要有台阶作为室内外上下的衔接部分。这种台阶可以做成整形的石级,而园林建筑常用自然山石做成踏跺。北京的假山师傅称其为"如意踏跺",所谓"如意踏跺"有令人称心如意的含义,同时两旁设有垂带。它不仅有台阶的功能,而且有助于处理从人工建筑到自然环境之间的过渡。踏跺的石材一般选择扁平状的,不一定都要求是长方形,各种角度的梯形、三角形都可。踏跺的每级台阶高度在 10～30 cm(每块石料高度可不一致)。最上面一阶可与台基地面同高。每阶向下坡方向有 2% 的倾斜度以便排水。石阶断面要上挑下收,以免上台阶时脚尖碰到石级上沿,术语称为不能有"兜脚"。用小块山石拼合的石级,拼缝要上下交错,以上石压下缝。

踏跺台阶的形式多种多样,有的踏跺是平列的,也有相互错落的;有径直而入的,也有偏径斜上和分道而上的。当台基不高时,可以采用像苏州狮子林燕誉堂那样的前坡式踏跺。当游人出入量较大时,可采用苏州留园五峰仙馆那种分道而上的办法。总之,踏跺虽小,但可以发挥匠心的处理却不少。一些现代园林布置常在台阶两旁设花池,而把山石和植物结合在一起,用以装饰建筑出入口。

蹲配一般与踏跺配合使用,设置在踏跺两侧,是石阶两端支撑的梯形基座。从实际使用功能上看,其与门口对置的石狮、石鼓之类的装饰品作用相同,用以遮挡台阶两端不易处理的侧面。但从外形上看,蹲配不像石鼓那样呆板。在蹲配中,以体量大而高者为"蹲",体量小而低者则为"配"。

实际上除了"蹲"以外,也可"立""卧",以求组合上的变化,但务必使蹲配在建筑轴线两旁有均衡的构图关系。从外形上看,蹲配不像垂带和石鼓那样呆板,它一方面作为石级两端支撑的梯形基座,另一方面又可以由踏跺本身层层叠上而用蹲配遮挡两端不易处理的侧面。在保证这些实用功能的前提下,蹲配在空间造型上则可利用山石的形态极尽自然变化。

2. 抱角与镶隅

建筑物外墙角和内墙角一般都成直角,其线条比较单调,因此在中国自然式园林中常用山石,采用抱角与镶隅的方式来美化建筑物的墙角。用山石装饰建筑外墙角,使山石呈环抱之势,在外侧紧包墙面基角,称为抱角。用山石填镶墙内角称为镶隅。在江南私家园林中,多用山石做成小花台来镶填墙隅(图2-14)。抱角与镶隅使用的山石除了在体量上要考虑与墙体所在的空间取得协调外,还需要注意石材与墙角的接触部位相吻合。

图 2-14 镶隅

例如,一般园林建筑体量不大,所以无须做过于臃肿的抱角,而承德避暑山庄外围的外八庙,其中有些体现西藏宗教性的红墙的山石抱角却有必要做得像小石山一样才相称。当然,也可以用以小衬大的手法,用小巧的山石衬托宏伟、精致的园林建筑,例如颐和园万寿山上的圆朗斋等建筑都采用此法,效果较好。山石抱角的选材应考虑如何使石与墙接触的部位,特别是可见的部位能吻合起来。江南私家园林多用山石作小花台来镶填墙隅,花台内点植体量不大却又潇洒、轻盈的观赏植物。由于花台两面靠墙,植物的枝叶必然向外斜伸,从而使本来比较呆板、平直的墙隅变得生动活泼而富于光影、风动的变化。这种山石小花台一般都很小,但就院落造景而言,它却起了很大的作用。

苏州拙政园腰门外以西的门侧,利用两边的墙隅均衡地布置了两个小山石花台,一大一小、一高一低,山石和地面衔接的基部种植书带草,北隅小花台内种紫竹数竿,青门粉墙,在山石的衬托下构图非常完整。这里用石量很少,但造景效果很突出。苏州留园“古木交柯”与“绿荫”之间小洞门的墙隅用矮小的山石和竹子组成小品来陪衬洞门,由于比例合适,景物的主次分明。以上两例均可说明山石小品“以少胜多,以简胜繁”的造景特点。

3. 景墙置石

景墙置石即以墙作为背景,在面对建筑的墙面、建筑山墙或相当于建筑墙面前基础种植的部位作石景或山景布置,因此也有称“壁山”的,这也是传统的园林手法。《园冶》有谓:“峭壁山者,靠壁理也。借以粉壁为纸,以石为绘也。理者相石皴纹,仿古人笔意,植黄山松柏、古梅、美竹,收之圆窗,宛然镜游也”。在江南园林的庭院中,这种布置随处可见。

有的结合花台、特置和各种植物布置,式样多变。

如在围墙边、照壁前、建筑的山墙前布置石景,更能突出石景的表现,这些墙面是石景最好的背景。如苏州博物馆的石景(图2-15),采用的是山东泰山石料,并以相邻的拙政园的白墙为"纸",模仿宋代米芾的山水画来摆设大大小小的石块,其立意是"借以粉壁为纸,以石为绘也",创造出一处具有现代中国意境的真实的"中国山水画"。

图2-15　苏州博物馆的石景

　　苏州网师园南端"琴室"所在的院落中于粉壁前置石,石的姿态有立、蹲、卧的变化,加以植物和院中台景的层次变化,使整个墙面变成一个丰富多彩的风景画面。苏州留园"鹤所"墙前以山石做基础布置,高低错落,疏密相间,并用小石峰点缀建筑立面。这样一来,白粉墙和暗色的漏窗、门洞的空处都形成衬托山石的背景,竹、石的轮廓非常清晰。

山石文化的应用1

　　4. "尺幅窗"与"无心画"

　　为了使室内外互相渗透,常用漏窗、景门透石景(图2-16),这种手法是清代李渔首创的。李渔把内墙上原来挂山水画的位置开成漏窗,然后在窗外布置竹石小品之类,使景入画。这样便以真景入画,较之画幅生动百倍,称为"无心画"。以"尺幅窗"透取"无心画",是从暗处看明处,窗花有剪影的效果,加上石景以粉墙为背景,从早到晚,窗景因时而变。

山石文化的应用2

图2-16　通过景门透取石景

苏州留园东部揖峰轩北窗三叶均以竹石为画,微风拂来,竹叶翩洒。阳光投下,修篁弄影些许小空间却十分精美、深厚,居室内而得室外风景之美。

5. 分隔建筑空间

在很多情况下,石景利用建筑和围墙等分隔、围合出的独立空间,在空间中占据主景地位,成为该空间中最引人注目的景物,如留园的"冠云峰"。

6. 云梯

云梯是指以山石掇成的室外楼梯。它既可节约室内建筑面积,又可形成自然山石景观。云梯在设计时,首先必须保证与周边环境相协调,绝不能孤立地使用;其次,切忌使云梯完全暴露,要有一定的隐藏,使之具有"云"的形状多变、隐现不定的意境;最后,起步要向里缩(或隐蔽)。起步可用大石、立石、叠石等遮挡,也可与花台、山洞等相连,使之融入环境。

扬州寄啸山庄东院将壁山和山石楼梯结合为一体,由庭上山、由山上楼,比较自然。其西南小院之山石楼梯面贴墙,楼梯下面结合山石花台与地面相衔接。自楼下穿道南行,云梯部分又成为穿道的对景。山石楼梯转折处置立石,古老的紫藤绕石登墙,颇具变化。

苏州留园明瑟楼更以假山楼梯成景曰"一梯云"。云梯设于楼之背水面,南有高墙作空间隔离,门径通。云梯坐落的地盘仅20多平方米。梯呈曲尺形,南、西两面贴墙。上楼入口处引用条石搭接,从而减少了云梯基部的体量,使之免于迫促。梯之中段下收上悬,把楼梯间的部位做成自然的山岫,这样便有了强烈的虚实变化。云梯下面的入口则结合花台和特置峰石,峰石上镌刻"一梯云"三字。峰石仅高2m多,但因视距很小,峰石有直矗入云的意向。若自明瑟楼楼下或楼北的园路南望,在由柱子、倒挂楣子和鹅颈靠组成的逆光框景中,整个山石楼梯和植物点缀的轮廓在粉墙前恰如横幅山水呈现出来。此不失为使用功能和造景结合的佳作(图2-17)。

图 2-17 云梯

7. 回廊转折处的廊间山石小品

园林中的廊子为了争取空间的变化和使游人从不同角度观赏景物,在平面上往往做成曲折回环的半壁廊。这样便会在廊与墙之间形成一些大小不一、形体各异的小天井空隙地,这是可以用山石小品"补白"的地方,使之在很小的空间里也有层次和深度的变化,同时可以诱导游人按设计的游览序列入游,丰富沿途的景色,使建筑空间小中见大,活泼无拘。

上海豫园东园万花楼东南角有一处回廊小天井处理得当,自两宜轩东行,有园洞门作为框景猎取此景。自廊中往返路线的视线焦点也集中于此,因此位置和朝向处理得法。石景本身处理亦精练,一块湖石立峰,两丛南天竹作陪衬,秋日红叶尽染,冬天硕果累累。

总而言之,石景与各种环境要素的关系是很密切的。要使石景具有比较好的艺术效果,就要解决好石景与环境的相互协调问题,以保证能够发挥石景的最大观赏作用。

第三章 假山造型设计与图纸表现

第一节 假山平面布局与设计

一、假山平面布局

在园林或其他城市环境中布置假山,要坚持因地制宜的原则,要处理好假山与环境的关系、假山与观赏的关系、假山与游人活动的关系以及假山本身造型形象方面的诸多关系。

1. 山景布局与环境处理

假山布局地点的确定与假山工程规模的大小有关。大规模的园林假山,既可以布置在园林的适中地带,又可在园林中偏侧布置;而小型的假山,则一般只在园林庭院或园林墙角布置。假山最好能布置在园林湖池溪泉等水体的旁边,使其山影婆娑,水光潋滟,山水景色交相辉映,共同成景。在园林出入口内外、园路的端头、草地的边缘地带等位置上一般也都适宜布置假山。

假山与其环境的关系很密切,受环境影响也很大。在一侧或几侧受城市建筑物影响的环境中,高大的建筑对假山的视觉压制作用十分突出。在这样的环境布置假山就一定要采取隔离和遮掩的方法,用浓密的林带为假山区围出一个独立的造景空间来。或者,将假山布置在一侧的边缘地带,山上配置茂密的混交风景林,使人们在假山上看不到或很少看到附近的建筑。

在庭院中布置假山时,庭院建筑对假山的影响无法消除,只有采取一些措施来加以协调,以减轻建筑对假山的影响。例如,在仿古建筑庭院中的假山,可以通过在山上合适之处设置亭廊来协调;在现代建筑庭院中,也可以通过在假山与建筑、围墙的交接处配植灌木丛的方式来进行过渡,以协调二者关系。

2. 主次关系与结构布局

假山布局必须做到主次分明,脉络清晰,结构完整。主山(或主峰)的位置虽然不一定要布置在假山区的中部地带,但却一定要在假山山系结构核心的位置上。主山位置不宜在山系的正中,而应当偏侧,以避免山系平面布局呈现对称状态。主山、主峰的高度及体量,一般应比第二大的山峰高、大1/4以上,要充分突出主山、主峰的主体地位,做到主次分明(图3-1)。

除了孤峰式造型的假山以外,一般的园林假山都要有客山、陪衬山与主山相伴。客山是高度和体量仅次于主山的山体,具有辅助主山构成山景基本结构骨架的重要作用。客

图 3-1 主次配关系

山一般布置在主山的左、右、左前、左后、右前、右后等几个位置上,一般不能布局在主山的正前和正后方。陪衬山比主山和客山要小很多,不会对主、客山构成遮挡关系,反而能够增加山景的前后风景层次,很好地陪衬、烘托主、客山。因此,其布置位置可以十分灵活,几乎没有限制。

主山、客山、陪衬山这三种山体结构部分的相互关系要协调。主山作为结构核心,要充分突出。而客山则要根据主山的布局状态来布置,要与主山紧密结合,共同构成假山的基本结构。陪衬山主要应当围绕主山布置,但也可少量围绕着客山布置,起到进一步完善假山山系结构的作用。

3. 自然法则与形象布局

园林假山虽然有写意型与透漏型等,不一定直接反映自然山形的造山类型,但所有假山创作的最终源泉还是自然界的山景资源。即使是透漏型的假山,其形象的原型还是能够在风蚀砂岩或海蚀礁岸中找到。堆砌这类假山的材料如太湖石、钟乳石,其空洞形状本身就是自然力造成的。因此,假山布局和假山造型都要遵从对比、运动、变化、聚散的自然景观发展规律,从自然山景中汲取创作的素材营养,并有所取舍、提炼、概括与加工,从而创造出更典型、更富于自然情调的假山景观。也就是说,假山的创作要"源于自然,高于自然",也不能离开自然、违背自然法则。

4. 风景效果及观赏安排

假山的风景效果应当具有丰富的多样性,不但要有山峰、山谷、山脚景观,而且还要有悬崖、峭壁、深峡、幽洞、怪石、山道、泉涧、瀑布等多种景观,甚至还要配植一定数量的青松、地柏、红枫、岩菊等观赏植物,进一步烘托假山景观。

由于假山是建在园林中的,规模不可能像真山那样无限地大,要在有限的空间中创造无限大的山岳景观,就要求园林假山必须具有小中见大的艺术效果。小中见大效果的形成是创造性地采用多种艺术手法才能实现的。如利用对比手法、按比例缩小景物、增加山景层次、逼真造型、小型植物衬托等方法,都有利于小中见大效果的形成。

在山路的安排中,增加路线的弯曲、转折、起伏变化和路旁景物的布置,造成"步移景异"的强烈风景变换感,也能够使山景效果丰富多彩。

任何假山的形象都有正面、背面和侧面之分,在布局中要调整好假山的方向,让假山最好的一面向着视线最集中的方向。例如在湖边的假山,其正面就应当朝着湖的对岸。在风景林边缘的假山,也应以其正面向着林外,而以背面朝向林内。确定假山朝向时,还应该考虑山形轮廓,要以轮廓最好的一面向着视线集中的方向。

假山的观赏视距确定要根据设计的风景效果来考虑。需要突出假山的高耸和雄伟,则将视距确定在山高的 1～2 倍的距离上,使山顶成为仰视风景;需要突出假山优美的立面形象时,就应采取山高的 3 倍以上距离作为观赏视距,使人们能够看到假山的全景。在假山内部,一般不刻意安排最佳观赏视距,顺其自然。

5. 造景观景与兼顾功能

假山布局一方面是安排山石造景,为园林增添重要的山地景观,另一方面还要在山上安排一些台、亭、廊、轩等设施,提供良好的观景条件,使假山造景和观景两相兼顾。另外,在布局上,还要充分利用假山的组织空间作用、创造良好生态环境的作用和实用小品的作用,满足多方面的造园要求。

二、识别假山平面布局设计图

假山的平面设计主要应解决假山在平面上的布局、平面轮廓形状的安排和平面各结构要素相互关系的处理等问题。平面设计基本上也决定着假山立面的形状,对假山造景能够产生全面的影响。因此,必须仔细研究,认真推敲,做好设计。

1. 假山平面形状设计

假山的平面形状设计,实际上就是对由山脚线所围合成的一块地面形状的设计,也就是对山脚线的线形、位置和方向的设计。山脚轮廓线形设计,在造山实践中被叫做布脚,也就是假山的平面形状设计。在布脚时,应当按照下述的方法和注意点展开(图 3-2)。

(1)山脚线回转自如,避免成为直线

山脚线应当设计为回转自如的曲线形状,要尽量避免成为直线。曲线向外凸,假山的山脚也随之向外凸出,向外凸出达到比较远的时候,就可形成山的一条余脉。曲线若是向里凹进,就可能形成一个回弯或山坳,如果凹进很深,则一般

a. 直条形不稳定

b. 转折形很稳定

c. 有余脉最稳定

图 3-2　假山平面形状设计

会形成一条山槽。

（2）根据山脚的材料确定凸出或凹进的程度

山脚曲线凸出或凹进的程度大小，根据山脚的材料而定。土山山脚曲线的凹凸程度应小一些，石山山脚曲线的凹凸程度则可大些。从曲线的弯曲程度来考虑，土山山脚曲线的半径一般不要小于 2 m，石山山脚曲线的半径则不受限制，可以小到几十厘米。在确定山脚曲线半径时，还要考虑山脚坡度的大小。在陡坡处，山脚曲线半径可适当小一些；而在坡度平缓处，曲线半径则要大一些。

（3）注意假山基底平面形状及大小变化

在设计山脚线过程中，要注意由它所围合成的假山基底平面形状及地面面积大小的变化情况。假山平面形状要随弯就势，宽窄变化，如同自然，而不要成为圆形、卵形、椭圆形、矩形等规则的形状。如若土山平面被设计为这些形状，那么其整个山形就会是圆丘、梯台形，很不自然。设计中，对假山基底面积大小的变化更要注意。因为基底面积越大，则假山工程量就越大，假山的造价也相应会增大。所以，一定要控制好山脚线的位置和走向，使假山只占用有限的地面面积就能造出很有分量的山体来。

（4）注意为山体结构提供稳定条件

设计石山的平面形状，要注意为山体结构的稳定提供条件。当石山平面形状呈直线式的条状时，山体的稳定性最差。如果山体同时又比较高，则可能因风压过大或其他人为原因而倒塌。况且，这种平面形状必然导致石山成为一道平整的山石墙，石山显得单薄，山的特征反而被削弱了。当石山平面是转折的条状或是向前向后伸出山体余脉的形状时，山体能够获得最好的稳定性，山的立面有凸有凹，有深有浅，显得山体深厚，山的意味更加显著。

2. 假山平面的变化手法

假山平面设计得好，其立面的造型效果就有保证，但这要依靠假山平面的变化处理才能做到。假山平面必须根据所在场地的地形条件来变化，以便使假山能够与环境充分地协调。在假山设计中，平面设计的变化方法很多，主要来说则有以下6 种。

图 3-3　转折

（1）转折——假山的山脚线、山体余脉，甚至整个假山的平面形状，都可以采取自然转折的方式造成山势的回转、凹凸和深浅变化，这是假山平面设计中最常用的变化手法(图 3-3)。

（2）错落——山脚凸出点、山体余脉部分的位置，采取相互间不规则地错开处理，使山脚的凹凸变化显得很自由，破除了整齐的因素。在假山平面的多个方面进行错落处理，如前后错落、左右错落、深浅错落、线段长短错落、曲直错落等，就能够为假山的形状带来丰富的变化效果(图 3-4)。

图 3-4　错落　　　　　　　　　　　　图 3-5　断续

（3）断续——假山的平面形状还可以采用断续的方式来加强变化。在保证假山主体部分是大块连续的、完整的平面图形的前提下，假山前后左右的边缘部分都可以有一些大小不等的小块山体与主体部分断开。根据断开方式、断开程度的不同和景物之间相互连续的紧密程度不同，就能够产生假山平面形状上的许多变化（图 3-5）。

（4）延伸——在山脚向外延伸和山沟向山内延伸的处理中，延伸距离的长短、延伸部分的宽窄和形状曲直，以及相对两山以山脚相互穿插的情况等都有许多变化（图 3-6a）。

这些变化，一方面使山内山外的山形更为复杂，另一方面也使得山景层次、景深更具有多样性。另外，山体一侧或山后余脉向树林延伸，能够在无形中给人造成山景深不可测、山脉不可穷尽的印象。山的余脉向湖池水中延伸，可以暗示山体扎根很深。山脚被土地掩埋或在假山边埋石，则是石山向地下延伸。这些延伸方式，都可以造成可见或不可见的假山平面变化。

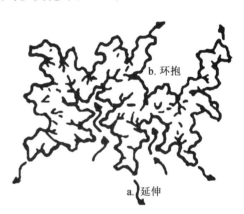

图 3-6　延伸与环抱

（5）环抱——将假山山脚线向山内凹进，或者使两条假山余脉向前伸出，都可以形成环抱之势（图 3-6b）。通过山势的环抱，能够在假山某些局部造成若干闭合的独立空间，形成比较幽静的山地环境。而环抱处的深浅、宽窄以及平面形状都有很多变化，又可使不同地点的环抱空间具有不同的景观格调，从而丰富了山景的形象。环抱的处理一般都局限在假山区内。如果要将这种方式引用到整个园林中，在经济上常常是不可能的，因为我们不可能都用高大的山体环抱在园林的四周，所以就只能在园林的个别局部采用环抱手法造型，而且还要采用以少胜多的手法，用较少的山石材料，在园林的各个边缘创造出环抱之势。例如，园林水体采用假山石驳岸，是使假山石环抱水体；用假山石砌筑树木花台，是山石对树木的环抱；以断续分布的带石土丘围在草坪四周，是假山环抱草坪构成的盆地等。

（6）平衡——假山平面的变化，最终应归结到山体各部分相对平衡的状态上。无论假山平面怎样千变万化,最后都要统一到自然山体形成的客观规律上,这就是多样统一的形式规律。平衡的要求,就是要在假山平面的各种变化因素之间加强联系,使之保持协调。

总之,假山平面变化的方法很多,众多的变化方法如果能有针对性地合理运用,就一定能够为假山平面设计带来成功,为山体的立面造型奠定良好的基础。

3. 假山平面图绘制

在假山设计图的制图方面,目前还没有制定相应的国家标准。所以在制图中,只要能够套用建筑制图标准的,就应尽量套用,以使假山设计图更加规范、科学(图 3-7)。

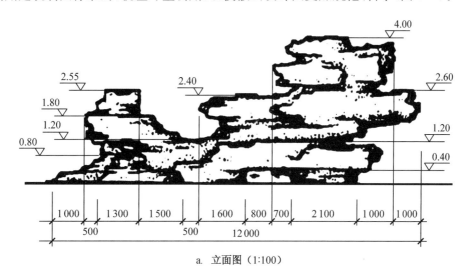

a. 立面图(1:100)

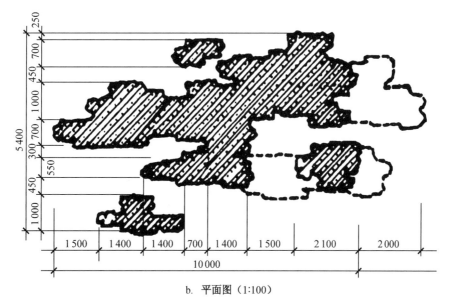

b. 平面图(1:100)

图 3-7 假山平面、立面设计示意图(mm)

(1)图纸比例:根据假山规模大小,可选用 1:200、1:100、1:50、1:20。

(2)图纸内容:应绘出假山区的基本地形,包括等高线、山石陡坎、山路与蹬道、水体等,如区内有保留的建筑、构筑物、树木等地物,也需要绘出,然后再绘出假山的平面轮廓线,绘制山洞、悬崖、巨石、石峰等的可见轮廓及配植的假山植物。

(3)线型要求:等高线、植物图例、道路、水位线、山石皴纹线等用细实线绘制。假山山体平面轮廓线(即山脚线)用粗实线,或用间断开裂式粗线绘出,悬崖、绝壁的平面投影外轮廓线若超出了山脚线,其超出部分用粗的或中粗的虚线绘出。建筑物平面轮廓用粗实线绘制。假山平面图形内,悬崖、山石、山洞等可见轮廓的绘制则用标准实线。平面图中的其他轮廓线也用标准实线绘制。

(4)尺寸标注:假山的形状是不规则的,因此在设计与施工的尺寸上就允许有一定的误差。在绘制平面图时,许多地方都不好标注,或者为了施工方便而不能标注详尽的、准确的尺寸。所以,假山平面图上主要是标注一些特征点的控制性尺寸,如假山平面的凸出点、凹陷点、转折点的尺寸和假山总宽度、总厚度、主要局部的宽度和厚度等。尺寸标注方法,则按现行(建筑制图标准)的规定。

(5)高程标注:在假山平面图上应同时标明假山的竖向变化情况。其方法是土山部分的竖向变化,用等高线来表示;石山部分的竖向高程变化,则可用高程箭头法来标出。高程箭头主要标注山顶中心点、大石顶面中心点、平台中心点、山肩最高点、谷底中心点等特征点的高程。这些高程也是控制性的。假山下有水泥的,要注出水面、水底、岸边的标高。

第二节　假山立面造型与设计

一、假山立面造型

假山的造型,主要应解决假山山形轮廓、立面形状态势和山体各局部之间的比例、尺度等关系。要深入到假山本身的形象创造过程中去解决问题,就要利用下述几方面的假山造型规律。

1. 变与顺,多样统一

假山造型中的变化性,是叠石造山的根本出发点,是假山形象获得自然效果的首要条件。不能变者,山石拼叠规则整齐,如同砌墙,毫无自然趣味;能变而不会变者,山石造型如叠罗汉、砌炭渣,杂乱无章,令人生厌,也无自然景致。

所以,设计和堆叠假山,最重要的就是既要求变,还要会变和善变,要于平中求变,于变中趋平。用石要有大有小,有宽有窄,有轻有重,并且随机应变地应用多种拼叠技法,使假山造型既有自然之态,又有艺术之神,还有山石景观的丰富性和多样性。

在假山造型中,追求形象变化也要有根据,不能没有根据地乱变,正所谓"万变不离其宗":变有变的规律,变中还要有顺,还要有不变。

假山造型中的顺,就是其外观形式上的统一和协调。堆砌假山的山石形状可以千变万化,但其表面的纹理、线条要平顺统一,石材的种类、颜色、质地要保持一致,假山所反映的地质现象或地貌特征也要一致。在假山上,如果在石形、山形变化的同时不保持纹理、石种和形象特征的平顺协调,假山的"变"就是乱变,是没有章法的变。

只要在处理假山形象时一方面突出其多样的变化性,另一方面突出其统一的和谐性,在变化中求统一,在统一中有变化,做到既变化又统一,就能够使假山造型取得很好的艺术效果。

2. 深与浅,层次分明

叠石造山要做到凹深凸浅,有进有退。凹进处要突出其深,凸出点要显示其浅,在凹进和凸出中使景观层层展开,山形显得十分深厚、幽远。特别是在"仿真型"假山造型中,在保证对山体布局进行全面层次处理的同时,还必须保证游人能够在移步换景中感受到山形的种种层次变化。这不只是正面的层次变化,而且同时也是侧面的层次变化;不仅只是由山外向山内、洞内看时的深远层次效果,而且还要是由山内、洞内向山外、洞外观赏时的层次变化;不仅只是由低矮的山前而窥山后,使山石能够前不遮后,以显山体层层上升的高远之势,而且还要由高及低,即由山上看山下的层次变化,以显出山势之平远。所以,叠石造山的层次变化是多方位、多角度的。

从上述可见,假山的深浅层次处理具有扩大空间、小中见大的作用,合理运用深浅层次处理方法,就能够在有限的空间中创造出最多的景观来。对于假山造景的这种规律性,我们应当在造山实践中很好地利用。

3. 高与低,看山看脚

假山的立基起脚直接影响到整个山体的造型。山脚转折弯曲,则山体立面造型就有进有退,形象自然,景观层次性好。而山脚平直呆板,则山体立面变化少,山型臃肿,山景平淡无味。借用一句造山行话说:假山造型要"看山看脚"。这就是说,叠石造山,不但要注意山体、山头的造型,而且更要注意山脚的造型。山脚的起结合开、回弯折转布局状态,以及平坂(较缓的山坡)、斜坡、直壁的造型,都要仔细推敲,要结合可能对立面形象产生的影响来综合考虑,力求为假山的立面造型提供最好的条件。

4. 态与势,动静相济

石景和假山的造型是否生动自然,是否具有较深的内涵表现,还取决于其形状、姿态、状态等外观视觉形式与其相应的气势、趋势、情势等内在的视觉感受之间的联系情况。也就是说,只有态、势关系处理很好的石景和山景才能真正做到生动自然,也才能让人从其外观形象中感受到更多的内在的东西,如某种情趣、思想和意境等。具有写意特点的山石造景,就能够让人明显地感受到强烈的运动性和奔趋性,这种运动性和奔趋性就是山石景观中内涵的势的表现。

在山石与山石之间进行态势关系的处理,能够在假山景观体系内部及假山与环境之间建立起紧密的联系,使景观构成一个和谐的、有机结合的整体,做到山石景物之间的"形断迹连,势断气连",相互呼应,共同成景。

从视觉感受方面来看,山石景物的势大致可分为静势与动势两类:静势的特点是力量内聚,能给人静态的感觉。山石造型中,使景物保持重心低、形态平正、轮廓与皴纹线条平行等状态,都可以形成静势。动势的特点则是内力外射,具有向外张扬的形态。山石景物有了动势,景象就十分活跃与生动。

造成动势的方法包括：将山石的形态姿势处理成有明显方向性和奔趋性的倾斜状,将重心布置在较高处,使山石形体向外悬出等。

叠石与造山中,山石的静势和动势要结合起来,要静中生动,动中有静,以静衬托动,以动对比静,同时突出动势和静势两方面的造景效果。

5. 藏与露,虚实相生

假山造型犹如山水画的创作,处理景物也要宜藏则藏,宜露则露,在藏露结合中尽量扩大假山的景观容量。"景越藏,则境界越大",这句古代画理名言虽然讲得有点绝对,但对通过藏景来扩大景观容量的作用,还是说得比较透的。藏景的做法,并不是要将景物全藏起来,而是藏起景物的部分,其他部分还得露出来,以露出部分来引导人们去追寻、去想象藏起的部分,从而在引人联想中扩大风景内容。

假山造景中应用藏露方法一般的方式是:以前山掩藏部分后山,而使后山神秘莫测;以树林掩藏山后而不知山有多深;以山路的迂回穿插自掩,而不知山路有多长;以灌木丛半掩山洞,以怪石、草丛掩藏山脚,以不规则山石墙分隔、掩藏山内空间等。

经过藏景处理的假山,虚虚实实,隐隐约约,风景更加引人入胜。景观形象也更加多样化,体现出虚实结合的特点。风景有实有虚,则由实景引人联想,虚景逐步深化,还可能形成意境的表现。

6. 意与境,情景交融

园林中的意境,是由园林作品情景交融而产生的一种特殊艺术境界,即"境外之境,象外之象",是能够使人觉得有"不尽之意"和"无穷之味"的,是"只可意会,难于言传"的特殊风景。

成功的假山造型也可能产生自己的意境。假山意境的形成是综合应用多种艺术手法的结果,这方面有一些规律可循:第一,如果将假山造型做得高度逼真,使人进入假山就像进入真实的自然山地一样,就容易产生关于真山的意境。所谓"真境逼而神境生",就是这个道理。第二,景物处理简洁、含蓄,不表现所有,只表现主要和重要部分,给人留下联想余地,让人在联想中体验到意境。第三,正如前面所述,强化山石景物的态势表现,采用藏露结合、虚实相生的造景方法,都有助于意境的创造。第四,注意在山景中融入诗情画意,以情感人,以意造景。例如,将山谷取名为"涵月谷"或"熏风谷",让人感到一点诗意;使山亭与青松、飞岩相伴,构成一幅优美动人的天然画图,都可以深化意境表现。第五,增加假山景观的层次,使山景和树景层层展开,景象更加深邃,也可能为意境的产生奠定基础。像这样的意境创造方法应当还有很多,还需要在假山工程实践中进一步发掘和利用。

二、假山造型禁则

为了避免在叠石造山中因一些不符合审美欣赏原则的忌病而损害假山艺术形象的情况出现,弄清楚造型中有哪些禁忌和哪些应当避免的情况是很有必要的。下面,根据假山匠师们长期积累的实际经验,简要地列出一些常见的忌病,以提请假山造型中注意(图 3-8)。

图 3-8　假山与石景的禁忌

1. 禁"对称居中"

假山的布局不能在地块的正中；假山的主山、主峰，也不要居于山系的中央位置。山头形状、小山在主山两侧的布置都不可呈对称状，要避免形成"笔架山"。在同一座山相背的两面山坡，其坡度陡缓不宜相同，应该一坡陡一坡缓。

2. 禁"重心不稳"

视觉上的重心不稳和结构上的重心不稳都要避免。前者会破坏假山构图的均衡，给观者造成心理威胁，后者则直接产生安全隐患，可能造成山体倒塌或人员伤亡。但是，在石景的造型中也不能做得四平八稳，没有一点悬险感的石景往往缺乏生动性。

3. 禁"杂乱无章"

树有枝干，山有脉络，构成假山的所有山石都不要东倒西歪地杂乱布置，要按照脉络关系相互结合成有机的整体，要在变化的山石景物中加强结构上的联系和统一。

4. 禁"纹理不顺"

假山、石景的石面皴纹线条要相互理顺，不同山石平行的纹理、放射状的纹理和弯曲的纹理都要相互协调、通顺地组合在一起，即使是石面纹理很乱的山石之间也要尽量使纹理保持平顺状态。

5. 禁"铜墙铁壁"

砌筑假山石壁,不得砌成像平整的墙面一样。山石之间的缝隙也不要全都填塞,不能做成密不透风的墙体状。

6. 禁"刀山剑树"

相同形状、相同宽度的山峰不能重复排列过多,不能等距排列如刀山剑树般。山的宽度和位置安排要有变化,排列要有疏有密。

7. 禁"鼠洞蚁穴"

假山做洞不可太小气,山洞太矮、太窄、太直都不利于观赏和游览,也不能够让人得到真山洞的感受。这就是说,假山洞洞道的平均高度一般应在 19 m 以上,平均宽度则应在 1.5 m 以上。

8. 禁"叠罗汉"

假山石上下重叠,而又无前后左右的错落变化,被称为"叠罗汉"。这种堆叠方式比较规整,如果是片石层叠,则如同叠饼状,在假山和石景造型中都是要尽量避免的。

三、识别假山立面造型设计图

在大规模假山的设计中,首先要进行假山平面的设计,在完成平面设计的基础上再进行立面设计。但在一些小型假山(特别是写意型假山)的设计中,却往往要反过来先设计假山立面,然后才根据立面形象来反推假山的大致投影平面。假山的立面设计,主要是解决假山的基本造型问题。

假山立面造型设计

1. 立面设计方法

在假山立面形象设计中,一般把假山主立面和一个重要的侧立面设计出来即可,而背面以及其他立面则在施工中根据设计立面的形状现场确定。大规模的假山,也有需要设计出多个立面的,则应根据具体情况灵活掌握。一般来讲,主立面和重要立面确定了,背立面和其他立面也就相应地大概确定了,有变化也是局部的,不影响总体造型(图 3-9)。设计假山立面的主要方法和步骤如下所述。

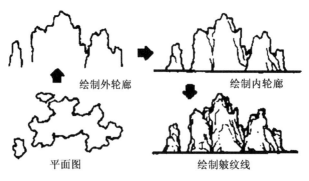

绘制外轮廓　　绘制内轮廓

平面图　　绘制皴纹线

图 3-9　假山立面设计步骤

(1)确立意图、先构轮廓:在设计开始之前,要确定假山的控制高度、宽度以及大致的工程量,确定假山所用的石材和假山的基本造型方向。根据假山设计平面图,或者直接在纸上进行构思和绘草图。

① 确定大致比例,绘出立面轮廓图。草图构思时,应首先确定一个大致的比例,在预定的山高和宽度制约下绘出假山的立面轮廓图。轮廓线的形状,要照顾到预定的假山石材轮廓特征。例如,采用青石、黄石造山,假山立面的轮廓线形应比较挺拔,并有所顿折,能给人坚硬的感觉。采用湖石造山,立面轮廓线就应婉转流畅,回环漂移,给人柔和、玲珑的感受。假山轮廓线与石材轮廓线能保持一致,就能方便假山施工,而且造出的假山可与图纸上的设计形象更吻合。

② 适当地突出山体外轮廓线的起伏曲折变化。设计中,为了使假山立面形象更加生动自然,要适当地突出山体外轮廓线较大幅度的起伏曲折变化。起伏度大,假山立面形象变化也大,就可打破平淡感。当然,起伏程度应适宜,过分起伏可能给人矫揉造作的感觉。

③ 在外轮廓图形以内添画山内轮廓线。在立面外轮廓初步确定之后,为了表明假山立面的形状变化和前后层次距离感,就要在外轮廓图形以内添画山内轮廓线。画内部轮廓线应从外轮廓线的一些凹陷点和转折点落笔,再根据设想的前后层次关系绘出前后位置不同的各处小山头、陡坡或悬崖的轮廓线。

(2)反复修改、确定构图:初步构成的立面轮廓不一定能令人满意,还要不断推敲研究并反复修改,直到获得比较令人满意的轮廓图形为止。在修改中,要对轮廓图的各部分进行研究,特别是要研究轮廓的悬挑、下垂部分和山洞洞顶部位在结构上能否做得出,能否保证不发生坍塌现象。要多从力学的角度来考虑,保证有足够的安全系数。对于跨度大的部位,要用比例尺准确量出跨度,然后衡量能否做到结构安全。如果跨度太大,结构上已不能保证安全,就要修改立面轮廓图,减小跨度,保证安全。在悬崖部分,前面的轮廓悬出,那么崖后就应很坚实,不要再悬出。总之,假山立面轮廓的修改必须照顾到施工方便和现实技术条件所能够提供的可能性。

经过反复修改,立面轮廓图就可以确定下来了。这时,假山各处山顶的高度、山的占地宽度、大概的工程量、山体的基本形象等都已经符合预定的设计意图,这时就可以进入下一步工作了。

(3)再构皴纹、增添配景:在立面的各处轮廓都确定之后,要添绘皴纹线表明山石表面的凹凸、皱褶、纹理形状。皴纹线的线形,要根据山石材料表面的天然皱褶纹理的特征绘出,也可参考国画山水画的皴法绘制,如披麻皴、折带皴、卷云皴、解索皴、荷叶皴、斧劈皴等。这些皴法在一般的国画山水画技法书籍中都可找到。

在假山立面适当部分添配植物。植物的形象应根据所选树种或草种的固有形状来画,可以采用简画法,表现出基本的形态特征和大小尺寸即可,不必详细画。绘有植物的栽植位点,在假山施工中要预留能够填土的种植槽孔。如果假山上还设计有观景平台、山路、亭廊等配景,只要是立面上可见的就要按照比例关系添绘到立面图上。

(4)画侧立面、完成设计:主立面确定之后,应根据主立面各处的对应关系和平面图所示的前后位置关系,并参照上述方法步骤,对假山的一个重要侧立面进行设计,并完成侧立面图的绘制。

以上步骤完成后,假山立面设计就基本成形了。这时,还要将立面图与平面图相互对照,检查其形状上的对应关系。如有不能对应的要修改假山平面图,也可根据平面图修改立面图。平、立面图能够对应后即可以定稿了。最后,按照修改、添画定稿的图形,进行正式描图,并标注控制尺寸和特征点的高程,假山设计也就完成了。

2. 假山立面设计图绘制

绘制假山立面图的方法和标准,如能套用现行建筑制图标准的,就要按照该标准来绘制,没有标准可套用的,则可按照通行的习惯绘制方法绘出。

(1)图纸比例:应与同一设计的假山平面图比例一致。

(2)图纸内容:要绘出假山立面所有可见部分的轮廓形状、表面皱纹,并绘出植物等配景的立面图形。

山石设计与
模型制作

(3)线型要求:绘制假山立面图形一般可用白描画法。假山外轮廓线用粗实线绘制,山内轮廓以中粗实线绘出,皱纹线的绘制则用细实线,如图 3-9 所示。绘制植物立面也用细实线。为了表达假山石的材料质感或阴影效果,也可在阴影处用点描或线描方法绘制,将假山立面图绘制成素描图,则立体感更强。但采用点描或线描的地方不能影响尺寸标注或施工说明的注写。

(4)尺寸标注:如果绘制假山立面的方案图,可只标注横向的控制尺寸,如主要山体部分的宽度和假山总宽度等。在竖向方面,则用标高箭头来标注主要山头、峰顶、谷底、洞底、洞顶的相对高程;如果绘制假山立面的施工图,则横向的控制尺寸应标注得更详细一点,竖向也要对立面的各种特征点进行尺寸标注。

第三节　假山意向与模型案例

一、意向

意向是设计理念、风格和设计方向性的表达。客观与主观融合创作带有某种意蕴的东西,是客观物象经过创作主体独特的情感活动而创造出来的一种艺术图形。

二、手绘山石意向图

(1)黄石假山草图到模型制作过程(图 3-10)

假山模型上色解析

图 3-10　雕塑泥塑形假山模型(邢洪涛设计制作)

（2）钟乳石假山草图到模型制作过程（图 3-11、图 3-12）

假山模型铁丝网
铺设与面层修饰

图 3-11　仿钟乳石大门设计　　　　**图 3-12　仿钟乳石门型(贾金豪团队制作)**

（3）斧劈石假山草图到模型制作过程（图 3-13、图 3-14）

假山模型制作解析

图 3-13　仿斧劈石假山草图　　　　**图 3-14　仿斧劈石假山模型(杨瑞瑞团队制作)**

（4）其他模型制作（图 3-15）

假山模型制作
示范 1

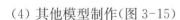

图 3-15　铭振古建

第四章　传统假山营造技术

第一节　假山施工前期的准备

一、施工前的准备工作

1. 了解施工情况

设计人员通过图样交底和阅读相应的设计图样文件,深刻体会设计造景的意图,明确具体的施工工期。同时,施工前必须反复详细地勘察现场,了解周围的环境条件,明确有关的基地土质情况,对照设计要求核实相应的技术方案,主要内容为"两看一相端":一看土质、地下水位,了解基地土允许承载力,以保证山体的稳定。在假山施工中,确定基土承载力的方法主要是凭经验,即根据大量的实践经验,粗略地概括出不同条件下承载力的数值,以确定基础处理的方法。二看地形、地势、场地大小、交通条件、给排水的情况及植被分布等,以决定采用何种施工方法,如施工机具的选择、石料堆放及场地安排等。一相端即相石,是指对已购来的假山石,用眼睛详细查看,了解它们的种类、形状、色彩、纹理、大小等,以便根据山体不同部位的造型需要统筹安排,做到心中有数。特别是对于其中形态奇特,石块巨大、挺拔、玲珑的,定要熟记,以备重点部位使用。相石的过程是对石材使用的总体规划,使石材本身的观赏特性得以充分发挥的设计过程。

2. 制作等比例模型

在假山施工前,由于假山工程的特殊性,它的设计很难完全到位。一般只能表现山形的大体轮廓或主要剖面,为更好地指导施工,设计者大多同时做出模型,以体现假山的预期效果。一般制作比例为1:20～1:50,制作材料有石膏、水泥、黏土、橡皮泥、泡沫等容易加工的材料。模型应当按照设计要求,结合山体总体布局、山体走向、山峰位置、主次关系,尽量体现出设计者的意图,为假山的体量和施工方案提供参考依据,同时也可根据周边环境修改设计方案。

3. 施工材料的准备

1)山石备料

要根据假山设计意图,确定所选用的山石种类,最好到产地直接对山石进行初选,初选的标准可适当放宽。变异大的、孔洞多的和长形的山石可多选些;石形规则、石面非天然生成而是爆裂面的、无孔洞的矮墩状山石可少选或不选。在运回山石的过程中,对易损坏的奇石应给予包扎防护。山石材料应在施工之前全部运进施工现场,并将形状最好的一个石面向着上方放置。山石不要堆起来,而应平摊在施工场地周围待选用。如果假山设计的结构形式是以竖立式为主,则需要比较多的长条形山石;当长形石数量不足时,可以在地面将形状相互吻合的短石用水泥砂浆对接在一起,成为一块长形山石留待选用。山石备料数量的多少,应根据设计图估算出来。为了适当扩大选石的余地,在估算的吨位数上应再增加 $1/4\sim1/2$ 的吨位数,这就是假山工程的山石备料总量。

2)辅助材料准备

堆叠假山所用的辅助材料,主要是指在叠山过程中需要消耗的一些结构性材料,如水泥、石灰、砂石及少量颜料等。

水泥:在假山工程中,水泥需要与砂石混合,配成水泥砂浆和混凝土后再使用。

石灰:在古代,假山的胶结材料就是以石灰浆为主,再加进糯米浆、鸡蛋清使其黏合性能更强。而现代的假山工艺中已改用水泥作胶结材料,石灰则一般是以灰粉和素土一起,按 3∶7 的配合比配制成灰土,作为假山的基础材料。

砂:砂是水泥砂浆的原料之一,它分为山砂、河砂、海砂等,而以含泥少的河砂、海砂质量最好。在配制假山胶结材料时,应尽量用粗砂。粗砂配制的水泥砂浆与山石质地要接近一些,有利于削弱人工胶合痕迹。

颜料:在一些颜色比较特殊的山石的胶合缝口处理中,或是在以人工方法用水泥材料塑造假山和石景的时候,往往要使用颜料来为水泥配色。需要准备什么颜料,应根据假山所采用山石的颜色而确定。常用的水泥配色颜料有炭黑、氧化铁红、柠檬铬黄、氧化铬绿和钴蓝。

镀锌钢丝:一般为 8 号与 10 号镀锌钢丝,主要用于捆扎固定山石。

山石内部铁活固定设施:有铁爬钉(用熟铁制成)、银锭扣(为生铁铸成,有大、中、小三种规格)、铁扁担(两端成直角上翘,翘头略高于所支撑石梁的两端)、铁吊架(用钢筋或熟铁制成,有马蹄形吊架和叉形吊架两种)等。

4. 施工工具的准备

1)绳索

绳索是绑扎石料后起吊搬运的工具之一。一般来说,任何假山石块,都是经过绳索绑扎后起吊搬运到施工地后叠置而成的。所以说,绳索是最重要的工具之一。

绳索的规格很多,假山用起吊搬运的绳索是用黄麻长纤维丝精制而成的,选直径 20 mm 粗 8 股黄麻绳、25 mm 粗 12 股黄麻绳、30 mm 粗 16 股黄麻绳、40 mm 粗 18 股黄麻绳,作为各种石块绑扎起吊用绳索。因黄麻绳质较柔软,打结与解扣方便且使用次数也较长,可以作为一般搬运工作的主要结扎工具。以上绳索的负荷值为 $200\sim1\,500$ kg(单根)。在具体使用时可以自由选择、灵活使用(辅助性小绳索不计在内)。

绳索活扣是吊运石料的唯一正确操作方法,它的打结法与一般起吊搬运技工的活结法相同。

绳索打结是对吊运套入吊钩或杠棒而用的活结,但如何绑扎是很重要的,绑扎的原则是选择在石料(块)的重心位置处,或重心稍上的地方。两侧打成环状,套在可以起吊的突出部分或石块底面的左右两侧角端,这样便于在起吊时因重力作用使附着牢固的程度愈大。严禁因稍有移动而滑脱的情况出现。

2）撬棍

撬棍是指用粗钢筋或六角空芯钢长1～1.6 m的直棍段,在其两端各锻打偏宽锲形,与棍身呈45°～60°不等的撬头,以便将其深入待撬拨的石块底下,用于撬拨要移动的石块,这是假山施工中使用最多且重要的另一手工操作的必备工具。

3）杠棒

杠棒虽是原始的搬抬运输工具,但因其简单灵活方便,在假山工程运用机械化施工程度不太高的现阶段,仍有其使用价值,所以我们还需要将其作为重要搬运工具之一来使用。杠棒在南方取毛竹为材,直径6～8 cm。要求取节密的新毛竹根部,节间长为6～11 cm为宜。毛竹杠棒长度约为1.8 m。北方杠棒以柔韧的黄檀木为优,多加工成扁形适合人肩扛抬。杠棒单根的负荷重量要求达到200 kg左右为佳。较重的石料要求双道杠棒或3～4道杠棒,由6～8人杠抬。这时要求每道杠棒的负荷平均,避免负荷不均而造成工伤事故。

4）破碎工具(大、小榔头)

破碎假山石料要运用大小榔头。一般多用24磅,18～20磅大小不等的大型榔头锤击石块需要击开的部分,是现场施工中破石用的工具之一。为了击碎小型石块或使石块靠紧,也需要小型榔头,其形状是一头与普通榔头一样为平面,另一头为尖啄嘴状。小榔头的尖头是作修凿之用,大榔头是作敲击之用。

5）嵌填修饰用工具

（1）假山施工中,对嵌缝修饰需用一简单的手工工具,就像泥雕艺术家用的塑刀一样,工具为大致宽20 mm,长约300 mm,厚为5 mm的条形钢板制面,呈正反S形,俗称"柳叶抹"。

（2）为了修饰抹嵌好的灰缝使之与假山混同,除了在水泥砂浆中加色外,还要用毛刷沾水轻轻刷去砂浆的毛渍处。一般用油漆工常用的大、中、小3种型号的漆帚作为修饰灰缝表面的工具。蘸水刷光的工序,要待所嵌的水泥缝初凝后开始,不能早于初凝之前(嵌缝约50分钟后),以免将灰缝破坏。

6）大钢钎

用钢筋制成,下端加工为尖头形。长度为1～1.4 m,直径为30～40 mm。主要用来撬动大山石。

7）錾子

用钢筋制成的小钢钎,下端加工为尖头形。长度为30～50 cm,直径为16～20 mm。主要用于在山石上开槽、打洞。

8）琢镐

是一种丁字形的小铁镐。镐的一端是尖头,可用来凿击需要整形的山石;另一端是扁平如斧状的刀口,主要用来砍、劈加工山石。

9）灰板和砖刀

主要用来挑取水泥砂浆。

10）竹刷

在用水泥砂浆黏合山石前,需要用竹刷将山石表面的泥土洗刷干净。竹刷还可用于山石拼叠时水泥缝的扫刷。

11）钢丝钳

用于剪断捆扎山石和裸露在山石外面的镀锌钢丝。

12）钢筋夹和支撑棍

主要用于临时性支撑和稳固山石,以方便假山山石的拼接和堆叠。

13）脚手架和跳板

当假山堆砌到一定高度后,施工难度就会增加,必须搭设脚手架和跳板,才能继续施工。

14）运载工具

对石料的较远水平运输要靠半机械的人力车或机动车。这些运输工具的使用一般属于运输业务,在此不再赘述。

15）垂直吊装工具

（1）吊车

在大型假山工程中,为了增强假山的整体感,常常需要吊装些巨石,在有条件的情况下,配备一台吊车还是有必要的。如果不能保证有一台吊车在施工现场随时待用,也应做好用车计划,在需要吊装巨石的时候临时性地租用吊车。一般的中小型假山工程和起重重量在1 t以下的假山工程,都不需要使用吊车,而用其他方法起重。

（2）吊称起重架

这种杆架实际上是由一根主杆和一根臂杆组合成的可做大幅度旋转的吊装设备（图4-1a）。架设这种杆架时,先要在距离主山中心点适宜位置的地面挖一个深30～50 cm的浅窝,然后将直径150 mm以上的杉杆直立在其上作为主杆。主杆的基脚用较大石块围住压紧,不使其移动;而杆的上端则用大麻绳或用8号铅丝拉向周围地面上的固定铁桩并拴牢绞紧。用铅丝时应每2～4根为一股,用6～8股铅丝均匀地分布在主杆周围。固定铁桩粗度应在30 mm以上,长50 cm左右,其下端为尖头,朝着主杆的外方斜着打入地面,只留出顶端供固定铅丝。然后在主杆上部适当位置吊拴直径在120 mm以上的臂杆,利用械杆作用吊起大石并安放到合适的位置上。

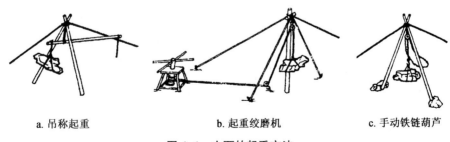

a. 吊称起重　　　　　　b. 起重绞磨机　　　　　c. 手动铁链葫芦

图 4-1　山石的起重方法

（3）起重绞磨机

在地上立一根杉杆,杆顶用4根大绳拴牢,每根大绳各由一人从4个方向拉紧并服从

53

统一指挥,既扯住杉杆,又能随时作松紧调整,以便吊起山石后能做水平方向移动。在杉杆的上部还要拴上一个滑轮,再用一根大绳或钢丝绳从滑轮穿过,绳的一端拴吊着山石,另一端再穿过固定在地面的第二滑轮,与绞磨机相连。转动绞磨,山石就被吊起来了(图 4-1b)。

(4) 手动铁链葫芦(铁辘轳)

手动铁链葫芦简单实用,是假山工程必备的一种起重设备(图 4-1c)。使用这种工具时,也要先搭设起重杆架。可用两根结实的杉杆,将其上端紧紧拴在一起,再将两杉杆的柱脚分开,使杆架构成一个三脚架。然后在杆架上端拴两条大绳,从前后两个方向拉住并固定杆架,绳端可临时拴在地面的石头上。将手动的铁链葫芦挂在杆顶,就可用来起重山石。起吊山石的时候,可以通过拉紧或松动大绳和移动三脚架的柱脚,来移动和调整山石的平面位置,使山石准确地吊装到位。

另外,在假山和置石工程施工时还需要经常使用的工具有灰铲、箩筐、灰桶、铁勺、锄头、水管、扫帚、木尺、卷尺等。

5. 假山工程量估算

假山工程量一般以设计的山石实用吨位数为基数来推算,并以工日数来表示。

假山采用的山石种类不同、假山造型不同、假山砌筑方式不同,都会影响工程量。由于假山工程的变化因素太多,每工日的施工定额也不容易统一,因此准确计算工程量有一定难度。根据十几项假山工程施工资料统计的结果,包括放样、选石、配制水泥砂浆及混凝土、吊装山石、堆砌、刹垫、搭拆脚手架、抹缝、清理养护等全部施工工作在内的山石施工平均工日定额,在精细施工条件下,每工日应为 0.1~0.2 t;在大批量粗放施工情况下,则每工日应为 0.3~0.4 t。

6. 假山工程的施工人员配备

传统叠山理水的工匠,特别是主要工长、技工,一般都能写写画画,具有一定的艺术修养,对假山造型设计与施工技艺有很深的认识。假山师傅组成专门的假山工程队,他们相互支持、密切配合,共同完成施工任务。假山工程需要的施工人员主要分为三类,即假山施工工长、假山技工和普通工。对各类人员的基本要求如下。

1) 假山施工工长

即假山工程专业的主持施工员,有人也称其为假山大师,在明、清两代则被叫做“山匠”“山石匠”“张石山”“李石山”等。假山工长要有丰富的叠石造山实践经验和主持大小假山工程施工的能力,要具备一定的造型艺术知识和国画、山水画理论知识,并且对自然山水风景要有较深的认识和理解。其本身也应当熟练地掌握假山叠石的技艺,是懂施工、会操作的技术人才。在施工过程中,施工工长负有全面的施工指挥责任和施工管理责任,从选石到每一块山石的安放位置和姿态的确定,都要在现场直接指挥。对每天的施工人员调配、施工步骤与施工方法的确定、施工安全保障等管理工作,也需要亲自做出安排。假山施工工长是假山施工成败的关键人员,一定要选准人。每一项假山工程,只需配备一名这样的施工员,一般不宜多配备,否则施工中难免会出现认识不一致,指挥不协调,影响施工进度和质量的情况。

2) 假山技工

这类人员应当熟练掌握山石吊装技术、调整技术、砌筑技术和抹缝修饰技术,应能够及时、准确地领会工长的指挥命令,并能够带领几名普通工进行相应的技术操作,操作质量能达到工长的要求。假山技工的配备数量,应根据工程规模大小来确定。中小型工程配2~5名即可,大型工程则应多一些,可以多达8名左右。

3) 普通工

应具有基本的劳动者素质,能正确领会施工主持和假山技工的指挥意图,能按技术示范要求进行正确的操作。在普通工中,至少要有4名体力强健和能够抬重石的工人。普通工的数量,在每施工日中不得少于4人,工程量越大,人数相应越多。但是,因为假山施工具有特殊性,工人人数太多时容易造成窝工或施工相互影响的现象,所以宁愿拖长工期,减少普通工人数。即使是特大型假山工程,最多配备10~14人就可以了。

7. 施工场地布置

(1) 保证施工场地有足够的作业面,施工地面不得堆放石料及其他物品。

(2) 选好石料摆放地,一般在作业面附近,石料依施工用石先后有序地排列放置,并将每块石头最具特色的一面朝上,以便施工时认取。石块间应有必要的通道,以便搬运,尽可能避免小搬运。

(3) 施工期间,山石搬运频繁,必须组织好最佳的运输路线,并保证路面平整。

(4) 保证水、电供应。

(5) 假山堆叠施工一般应配置运输机械、起吊机械和混凝土搅拌机。小型堆山和叠石用人工就可完成大部分工程,而对于大型的叠石造山,必须配备吊装设备。

二、山石材料的选择

山石的选用是假山施工中一项很重要的工作,其主要目的就是要将不同的山石选用到最合适的位点上,组成最和谐的山石景观。选石工作在施工开始直到施工结束的整个过程中都在进行,需要掌握一定的识石和用石技巧。

1. 选石的步骤

(1) 主峰或孤立小山峰的峰顶石、悬崖崖头石分别做上记号,以备施工到这些部位时使用。

(2) 要接着选留假山山体向前凸出部位的用石。山洞洞口用石需要首先选到,选到后分山前山旁显著位置上的用石,以及山坡上的石景用石等。

(3) 应将一些重要的结构用石选好,如长而弯曲的洞顶梁用石、拱券式结构所用的券石、洞柱用石、峰底承重用石、斜立式小峰用石等。

(4) 其他部位的用石,则在叠石造山施工中随用随选,用一块选一块。总之,山石选择的步骤应当是:先头部后底部、先表面后里面、先正面后背面、先整体后细部、先特征点后一般区域、先洞口后洞中、先竖立部分后平放部分。

2. 山石尺度选择

在同一批运到的山石材料中,石块有大有小,有长有短,有宽有窄,在叠山选石中要分别对待。

(1)假山施工开始时,对于主山前面比较显眼位置上的小山峰,要根据设计高度选用适宜的山石,一般应当尽量选用大石,以削弱山石拼合峰体时的琐碎感。在山体上的凸出部位或是容易引起视觉注意的部位,也最好选用大石。而假山山体中段或山体内部以及山洞洞墙所选用的山石,则可小一些。

(2)大块的山石中,敦实、平稳、平韧的还可用作山脚的底石,而石形变异大、石面皱纹丰富的山石则应该用于山顶作压顶的石头。较小的、形状比较平淡而皱纹较好的山石,一般用在假山山体中段。

(3)山洞的盖顶石,平顶悬崖的压顶石,应采用宽而稍薄的山石。层叠式洞柱的用石或石柱垫脚石,可选矮墩状山石;竖立式洞柱、竖立式结构的山体表面用石,最好选用长条石,特别是需要在山体表面做竖向沟槽和棱柱线条时,更要选用长条状山石。

3. 石形的选择

除了作石景用的单峰石外,并不是每块山石都要具有独立而完整的形态。在选择山石的形状中,挑选的根据应是山石在结构方面的作用和石形对山形样貌的影响情况。从假山自下而上的构造来分,可以分为底层、中腰和收顶三部分,这三部分在选择石形方面有不同的要求。

(1)假山的底层山石位于基础之上,若有桩基则在桩基盖顶石之上。这一层山石对石形的要求主要应为顽夯、敦实的形状。选些块大而形状高低不一的山石,具有粗犷的形态和简括的皱纹,可以适应在山底承重和满足山脚造型的需要。

(2)中腰层山石在视线以下者,即地面上1.5 m高度以内的,其单个山石的形状也不必特别好,只要能够用来与其他山石组合造出粗犷的沟槽线条即可。石块体量也不需很大,一般的中小山石相互搭配使用就可以了。在假山1.5 m以上高度的山腰部分,应选形状有些变异、石面有定皱褶和孔洞的山石,因为这种部位比较能引起人的注意,所以山石要选用形状较好的。

(3)假山的上部和山顶部分、山洞口的上部,以及其他比较凸出的部位,应选形状变异较大、石面皱纹较美、孔洞较多的山石,以加强山景的自然特征。形态特别好且体量较大的,具有独立观赏形态的奇石,可用以"特置"为单峰石,作为园林内的重要石景使用。

4. 山石皱纹选择

石面皱纹、皱褶、孔洞比较丰富的山石,应当选在假山表面使用。石形规则、石面形状平淡无奇的山石,可选作假山下部、假山内部的用石。

(1)石皮 作为假山的山石和作为普通建筑材料的石材,其最大的区别就在于是否有可供观赏的天然石面及其皱纹。"石贵有皮"就是说,假山石若具有天然"石皮",即有天然石面及天然皱纹,就是可贵的,是做假山的好材料。

(2)皱纹 叠石造山要求脉络贯通,而皱纹是体现脉络的主要因素。皱指较深较大块面的皱褶,而纹则指细小、窄长的细部凹线。"石纹者,皱之现者也。皱法者,石纹之浑者也。"说的就是这个意思。需要强调的是,山有山皱、石有石皱。石皱的纹理既有脉络清楚的,也有纹理杂乱不清的,如一些山石纹理与乱柴皱、骷髅皱等相似,就是脉络不清的皱纹。

在假山选石中,要求同一座假山的山石皱纹最好要同一种类。如采用了褶带皱山石的,则以后所选用的其他山石也要如同褶带皱,选了斧劈皱的假山,一般就不要再选用非斧劈皱的山石。只有统一采用一种皱纹的山石,假山整体上才能显得协调完整,可以在很大程度上减少杂乱感,增加整体感。

5. 石态的选择

(1)"形"与"态"结合。在山石的形态中,形是外观的形象,而态却是内在的形象,形与态是一种事物的两个无法分开的方面。山石的一定形状,总是要表现出一定的精神态势。瘦长形状的山石,能够给人有骨力的感觉;矮墩状的山石,给人安稳、坚实的印象;石形、皱纹倾斜的,让人感到运动;石形、皱纹平行垂立的,则能够让人感到宁静、安详、平和。种种情况都说明,为了提高假山造景的内在形象表现,在选择石形的同时还应当注意到其态势、精神的表现。

(2)传统品石标准。传统的品评奇石标准中,多见以"丑"字来概括"瘦、漏、透、皱"等石形石态特点。宋代苏东坡讲到"石文而丑",而后人即评论说"一丑字则石之千态万状,皆从此出"(《江南园林志》)。这个丑字,既指石形,又概括了石态。石的外在形象,如同个人的外表,而内在的精神气质,则如同一个人的心灵。因此,在假山施工选石中特别强调要"观石之形,识石之态",要透过山石的外观形象看到其内在的精神、气势和神采。

6. 石质的选择

(1)密度和强度。质地的主要因素是山石的密度和强度。如作为梁柱式山洞石梁、石柱和山峰下垫脚石的山石,就必须有足够的强度和较大的密度。而强度稍差的片状石,就不能选用在这些地方,但选用其作石级或铺地则可以,因为铺地的山石不用特别能承重。外观形状及皱纹好的山石,有的是风化过度的,其在受力方面就很差,有这样石质的山石就不要选用在假山的受力部位。

(2)不同质感。质地的另一因素是质感,如粗糙、细腻、平滑、多皱等,都要根据匠心来筛选。同种山石,其质地往往也有粗有细、有硬有软、有纯有杂、有良有莠。例如同是钟乳石,有的质地细腻、坚硬、洁白晶莹、纯然一色,而有的却质地粗糙、松软、颜色混杂。又如,在黄石中,也有质地粗细的不同和坚硬程度的不同。在假山选石中,一定要注意到不同石块之间在质地上的差别,将质地相同或差别不大的山石选用在一处,质地差别大的山石则选用在不同的处所。

7. 山石颜色选择

(1)叠石造山也要讲究山石颜色的搭配。不同类的山石固然色泽不一,即便同类的山石也有色泽的差异。"物以类聚"是一条自然法则,在假山选石中也要遵循。原则上的要求是,要将颜色相同或相近的山石尽量选用在一处,以保证假山在整体的颜色效果上相协调。在假山的凸出部位,可以选用石色稍浅的山石,而在凹陷部位则应选用颜色稍深者。在假山下部的山石,可选颜色稍深的,而假山上部的用石,要选色泽稍浅的。

(2)山石颜色选择还应与所造假山区域的景观特色相互联系起来。如北京颐和园昆明湖东北隅有向西建筑,在设计中立意借取陶渊明"山气日夕佳"之句,取名为"夕佳楼"。

为了营造意境氛围,就在夕佳楼前选用红黄色的房山石做成假山山谷。当夕阳西下时,晚霞与山谷两相映红,夕阳佳景很是迷人,就是在平时看来,红色的山谷也像是有夕阳西照。扬州个园以假山和置石反映四时变化:春山选用青灰色石笋置于竹林之下,以点出青笋破土的景观主题;夏山则用浅灰色太湖石做水池洞室,并配植常绿树,有夏荫泉洞的湿润之态;秋山因突出秋色而选用黄石;冬山又为表现皑皑白雪而别具匠心地选用白色的宣石。这种在叠石造山中对山石颜色的选择处理方式是值得我们借鉴的。

第二节　假山基础和山脚施工

假山施工第一阶段的程序,首先是定位与放线,其次是进行基础施工,再次就是做山脚部分。山脚做好后才进入第二阶段,即山体、山顶的堆叠阶段。为了在施工程序上安排得更合理,可将主峰、次峰和配峰的施工阶段交错安排,即先做主峰第一阶段的基础和山脚工程,接着继续做其第二阶段的工作。当假山山体堆砌到一定高度,需要停几天等待水泥凝固后再开始次峰或配峰的第一阶段基础和山脚的施工。几天后,再停下次峰等的施工而转回到主峰继续施工。

一、假山定位与放线

首先在假山平面设计图上按 5 m×5 m 或 10 m×10 m(小型的假山也可用 2 m×2 m)的尺寸绘出方格网,在假山周围环境中找到可以作为定位依据的建筑边线、围墙边线或园路中心线,并标出方格网的定位尺寸。

按照设计图方格网及其定位关系,将方格网放大到施工场地的地面。在假山占地面积不大的情况下,方格网可以直接用白灰画到地面;在占地面积较大的大型假山工程中,也可以用测量仪器将各方格交叉点测设到地面,并在点上钉下坐标桩。放线时,用几条细绳拉直连上各坐标桩,就可表示出地面的方格网。

以方格网放大法,用白灰将设计图中的山脚线在地面方格网中放大绘出,把假山基底的平面形状(也就是山石的堆砌范围)绘在地面上。假山内有山洞的,也要按相同的方法在地面绘出山洞洞壁的边线。

最后,依据地面的山脚线,向外取 50 cm 宽度绘出一条与山脚线相平行的闭合曲线,这条闭合线就是基础的施工边线。

二、假山基础施工

假山基础施工可以不用开挖地基而直接将地基夯实后就做基础层,这样既可减少土方工程量,又可以节约山石材料。当然,如果假山设计中要求开挖基槽,则还是先挖基槽再做基础。

在做基础时,一般应先将地基土面夯实,然后再按设计摊铺和压实基础的各结构层,只有做桩基础可以不夯实地基,而直接打下基础桩(图 4-2)。

打桩基时,桩木按梅花形排列,称"梅花桩"。桩木间距约为 20 cm。桩木顶端可露出地面或湖底 10～30 cm,其间用小块石嵌紧嵌平,再用平整的花岗石或其他石材铺一层在顶上,作为桩基的压顶石。或者,不用压顶石而在桩基的顶面用灰土平铺并夯实,做成灰土桩基也可以。混凝土桩基的做法和木桩桩基一样,也有在桩基顶上设压顶石与设灰土层两种做法。

　　如果是灰土基础的施工,则要先开挖(也可不挖)基槽。基槽的开挖范围按地面绘出的基础施工边线确定,即应比假山山脚线宽 50 cm。基槽一般挖深为 50～60 cm。基槽挖好后,将槽底地面夯实,再填铺灰土做基础。灰土基础所用石灰应选新出窑的块状灰,在施工现场浇水化成细灰后再使用。灰土中的泥土一般就地采用素土,泥土应整细,干湿适中,土质黏性稍强的比较好。灰、土应充分混合,铺一层(十步)就要夯实一层,不能二层铺下后只作一层夯实。顶层夯实后,一般还应将表面找平,使基础的顶面成为平整的表面。

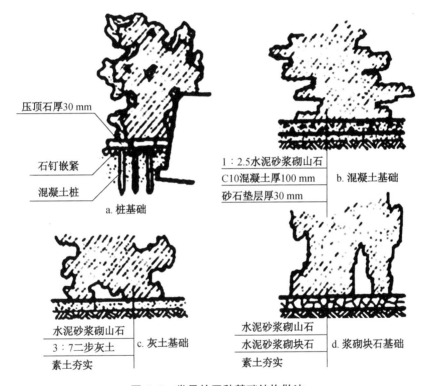

压顶石厚30 mm

石钉嵌紧

混凝土桩

a. 桩基础

1:2.5水泥砂浆砌山石
C10混凝土厚100 mm
砂石垫层厚30 mm

b. 混凝土基础

水泥砂浆砌山石
3:7二步灰土
素土夯实

c. 灰土基础

水泥砂浆砌山石
水泥砂浆砌块石
素土夯实

d. 浆砌块石基础

图 4-2　常见的四种基础结构做法

　　浆砌块石基础施工,其块石基础的基槽宽度也和灰土基础一样,要比假山底面宽50 cm 左右。基槽地面夯实后,可用碎石 3:7 灰土或 1:3 水泥干砂铺在地面做一个垫层,垫层之上再做基础层。做基础用的块石应为棱角分明、质地坚实、有大有小的石材,一般用水泥砂浆砌筑。用水泥砂浆砌筑块石可采用浆砌与灌浆两种方法:浆砌就是用水泥砂浆挨个地拼砌;灌浆则是先将块石嵌紧铺装好,然后再用稀释的水泥砂浆倒在块石层上面,并促使其流动灌入块石的每条缝隙中。

　　混凝土基础的施工也比较简便。首先挖掘基础的槽坑,挖掘范围按地面的基础施工边线确定,挖槽深度一般可按设计的基础层厚度,但在水下做假山基础时,基槽的顶面应低于水底 10 cm 左右。基槽挖成后夯实底面,再按设计做好垫层。然后,按照基础设计所规定的配合比,将水泥砂和卵石搅拌配制成混凝土,浇筑于基槽中并捣实铺平。待混凝土充分凝固硬化后,即可进行假山山脚的施工。

三、假山山脚施工

山石工程理论
知识讲解 2

假山山脚直接落在假山基础之上,是山体的起始部分。山脚施工的主要工作内容是拉底、起脚和做脚三部分,这三个方面的工作是紧密联系在一起的。

1. 拉底

所谓拉底,就是在山脚线范围内砌筑第一层山石,即做出垫底的山石层。拉底的方式和拉底山脚线的处理见下面的叙述。

1)拉底的方式

假山拉底的方式有满拉底和周边拉底两种。

(1)满拉底:就是在山脚线的范围内用山石满铺一层。这种拉底的做法适宜规模较小、山底面积也较小的假山,或在北方冬季有冻胀破坏地方的假山。

(2)周边拉底:就是先用山石在假山山脚沿线砌成一圈垫底石,再用乱石碎砖或泥土将石圈内全部填起来,压实后即成为垫底的假山底层。这一方式适合基底面积较大的大型假山。

2)山脚线的处理

拉底形成的山脚边线也有两种处理方式,其一是露脚方式,其二是埋脚方式。

(1)露脚:即在地面上直接做起山底边线的垫脚石圈,使整个假山看起来就像是放在地上似的。这种方式可以减少山石用量和用工量,但假山的山脚效果稍差一些。

(2)埋脚:是将山底周边垫底山石埋入土下约 20 cm 深,可使整座假山看起来仿佛是从地下长出来似的。在石边土中栽植花草后,假山与地面的结合就更加紧密、更加自然了。

3)拉底的技术要求

(1)拉底时要统筹向背,扬长避短

根据游览路线,确定假山观赏面的主次关系,将主要观赏视线方向的画面作为主要朝向,进行精细处理,然后兼顾次要朝向,简化处理视线不可及的一面。

(2)拉底不得用风化过度的松散山石

风化过度的松散的山石耐压性能不高,而且拉底的山石上面还要堆叠山石,因此拉底的山石不能使用过度风化的山石。

(3)拉底的山石底部要垫平垫稳,保证不能摇动

拉底的山石一定要求大而水平的面向上,以便继续在上面堆叠山石。因此,为了保证山石的水平面向上,保持中心稳定,可在山石的底部进行捶、垫。

(4)拉底的山石与山石之间要紧连互咬,扣合在一起

拉底的山石必须一块块紧密相连。接口一定要相互咬合,尽量做到严丝合缝,使山石

连成一个整体。对于大山石之间的空隙,可以用小块山石打入空隙加以处理。

（5）拉底的山石与山石之间要进行不规则的断续相间,有断有连

拉底的山石所构成的外观不是连绵不断的,而是要做出"下断上连""此断彼连"等各种变化。

（6）拉底时边缘部分要有错落变化,使山脚线弯曲时有不同的半径

拉底的山石轮廓一定要打破一般砌墙的观念,要破平直为曲折,变规则为错落。在平面上的形状要有不同间距、不同宽度、不同角度、不同转折半径、不同支脉的变化。

2. 起脚

在垫底的山石层上开始砌筑假山,就叫起脚。

1）起脚边线的做法

可以采用点脚法、连脚法或块面脚法 3 种做法（图 4-3）。

（1）点脚法:所谓点脚,就是先在山脚线处用山石做成相隔一定距离的点,点与点之上再用片状石或条状石盖上,这样,就可在山脚的一些局部造出小的洞穴,加强假山的深厚感和灵秀感。

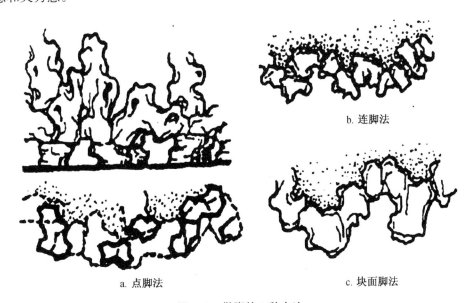

b. 连脚法

a. 点脚法　　　　　　　　　　c. 块面脚法

图 4-3　做脚的 3 种方法

（2）连脚法:就是做山脚的山石依据山脚的外轮廓变化,呈曲线状起伏连接,使山脚具有连续、弯曲的线形。一般的假山都常用这种连续做脚方法处理山脚。采用这种山脚做法,主要应注意使做脚的山石以前错后移的方式呈现不规则的错落变化。

（3）块面脚法:这种脚也是连续的,但与连脚法不同的是,坡面脚要使做出的山脚线呈现大进小退的形象,山脚凸出部分与凹进部分各自的整体感都很强,而不是像连脚法那样小幅度的曲折变化。

2）起脚的技术要求

起脚石直接作用于山体底部的垫脚石,它和垫脚石一样,都要选择质地坚硬、形状安

稳、少有空穴的山石材料,以保证能够承受山体的重压。

除了土山和带石土山之外,假山的起脚安排宜小不宜大,宜收不宜放。起脚一定要控制在地面山脚线的范围内,宁可向内收一些,也不要向山脚线外凸出。这就是说,山体的起脚要小,不能大于上部分准备拼叠造型的山体。即使因起脚太小而导致砌筑山体时的结构不稳,还有可能通过补脚来加以弥补。如果起脚太大,以后砌筑山体容易造成山形臃肿、呆笨,没有一点险峻的态势,那时就不好挽回了,需要通过打掉一些起脚石来改变臃肿的山形,而这极易将山体结构震动松散,甚至造成整座假山的倒塌。所以,假山起脚还是稍小点为好。

起脚时,定点、摆线要准确。先选山脚突出点的山石,并将其沿着山脚线先砌筑上,待多数主要凸出点的山石都砌筑好了,再选择和砌筑平直线凹进线处所用山石。这样,既保证了山脚线按照设计而呈弯曲转折状,避免山脚平直的毛病,又使山脚凸出部位具有最佳的形状和最好的皴纹,增加了山脚部分的景观效果。

3. 做脚

做脚,就是用山石砌筑成山脚,它是在假山的山形山势大体施工完成以后,于紧贴起脚石外缘部分拼叠山脚,以弥补起脚造型不足的一种操作技法。在施工中,山脚可以做成如下几种形式(图 4-4)。

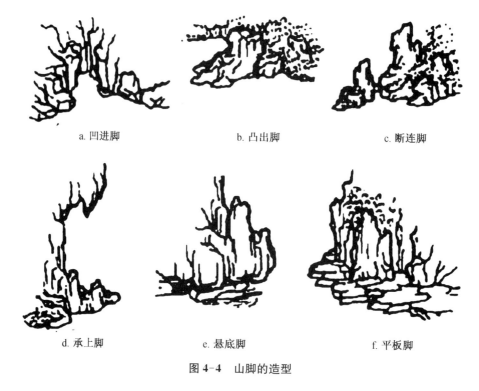

图 4-4　山脚的造型

（1）凹进脚:山脚向内凹进,随着凹进的深浅宽窄不同,脚坡可做成直立状、陡坡或缓冲坡。

（2）凸出脚:山脚向外凸出,其脚坡可做成直立状或坡度较大的陡坡状。

（3）断连脚:山脚向外凸出,凸出的端部与山脚本体部分似断似连。

（4）承上脚：山脚向外凸出，凸出部分对着其上方的山体悬垂部分，起着均衡上下重力和承托山顶下垂之势的作用。

（5）悬底脚：局部地方的山脚底部做成低矮的悬空状，与其他非悬底山脚构成虚实对比，可增强山脚的变化。这种山脚最适于用在水边。

（6）平板脚：片状、板脚山石连续地平放山脚，做成如同山边小路般的造型，突出了假山上下的横竖对比，使景观更为生动。

山脚施工的质量好坏，对山体部分的造型有直接影响。山体的堆叠施工除了受山脚质量的影响外，还受山体结构形式和叠石手法等因素的影响。

第三节　假山山体结构施工

假山山体的施工，主要是通过吊装、堆叠、砌筑操作来完成假山的造型。由于假山可以采用不同的结构形式，在山体施工中也就相应要采用不同的堆叠方法。下文就对这些相同和不同的施工方法做一些介绍。

一、山体结构施工技术

山体内部的结构形式主要有 4 种，即环透式结构、层叠式结构、竖立式结构和填充式结构。

这几种结构的基本情况和设计要点如图 4-5 所示：

a. 环透式假山

b. 层叠式假山

c. 竖立式假山

d. 填充式假山

图 4-5　山体结构形式

1. 环透式结构

它是指采用多种不规则孔洞和孔穴的山石,组成具有曲折环行通道或通透形空洞的一种山体结构。所用山石多为太湖石和石灰岩风化后的怪石。

2. 层叠式结构

假山结构若采用层叠式,则假山立面的形象就具有丰富的层次感,一层层山石叠砌为山体,山形朝横向伸展,或是敦实厚重,或是轻盈飞动,容易获得多种生动的艺术效果。在叠山方式上,层叠式假山又可分为以下两种:

(1) 水平层叠。每一块山石都采用水平状态叠砌,假山立面的主导线条都是水平线,山石向水平方向伸展。

(2) 斜面层叠。山石倾斜叠砌成斜卧状或斜升状;石的纵轴与水平线形成一定夹角,角度一般为 $10°\sim30°$,最大不超过 $45°$。

层叠式假山石材一般可用片状的山石,片状山石最适于做层叠的山体,其山形常有"云山千叠"般的飞动感。体形厚重的块状、墩状自然山石,也可用于层叠式假山。而由这类山石做成的假山,则山体充实,孔洞较少,具有浑厚、凝重、坚实的景观效果。

3. 竖立式结构

这种结构形式可以形成假山挺拔、雄伟、高大的艺术形象。山石全部采用立式砌叠,山体内外的沟槽及山体表面的主导皴纹线,都是从下至上竖立着的,因此整个山势呈向上伸展的状态。根据山体结构的不同竖立状态,这种结构形式又分为直立结构与斜立结构两种:

(1) 直立结构。山石全部采取直立状态砌叠,山体表面的沟槽及主要皴纹线都相互平行并保持直立。采取这种结构的假山,要注意山体在高度方向上的起伏变化和在平面上的前后错落变化。

(2) 斜立结构。构成假山的大部分山石,都采取斜立状态;山体的主导皴纹线也是斜立的。山石与地平面的夹角在 $45°$ 以上,并在 $90°$ 以下。这个夹角一定不能小于 $45°$,不然就成了斜卧状态而不是斜立状态。假山主体部分的倾斜方向和倾斜程度应是整个假山的基本倾斜方向和倾斜程度。山体陪衬部分则可以分为 $1\sim3$ 组,分别采用不同的倾斜方向和倾斜程度,与主山形成相互交错的斜立状态,这样能够增加变化,使假山造型更加具有动感。

采用竖立式结构的假山石材,一般多是条状或长片状的山石,矮而短的山石不能多用。这是因为长条形的山石易于砌出竖直的线条。但长条形山石在用水泥砂浆黏合成悬垂状时,全靠水泥的黏结力来承受其重量,因此对石材质地就有了新的要求。一般要求石材质地粗糙或石面小孔密布,这样水泥砂浆作黏合材料的附着力很强,容易将山石黏合牢固。

4. 填充式结构

一般的土山、带土石山和个别的石山,或者在假山的某局部山体中,都可以采用这种结构形式。这种假山的山体内部是由泥土、废砖石或混凝土材料填充起来的,因此其结构上的最大特点就是填充。按填充材料及其功用的不同,可以将填充式假山结构分为以下三种情况:

(1) 填土结构。山体全由泥土堆填构成;或者,在用山石砌筑的假山壁后或假山穴坑中用泥土填实。假山采取这种结构形式,既能够造出陡峭的悬崖绝壁,又可少用山石材料,降低假山造价,而且还能保证假山有足够大的规模,也十分有利于假山上的植物配植。

（2）砖石填充结构。以无用的碎砖、石块、灰块和建筑渣土作为填充材料,填埋在石山的内部或者土山的底部,既可增大假山的体积,又处理了园林工程中的建筑垃圾,一举两得。这种方式在一般的假山工程中都可以应用。

（3）混凝土填充结构。有时,需要砌筑的假山山峰又高又陡,在山峰内部填充泥土或碎砖石都不能保证结构的牢固,山峰容易倒塌。在这种情况下,就应该用混凝土来填充,使混凝土作为主心骨,从内部将山峰凝固成一个整体。混凝土是水泥、砂、石按 1∶2∶4～1∶2∶6 的比例搅拌配制而成,主要作为假山基础材料及山峰内部的填充材料。混凝土填充的方法为:先用山石将山峰砌筑成一个高 70～120 cm(要高低错落)、平面形状不规则的山石筒体,然后用 C15 混凝土浇筑筒中至筒的最低口处。待基本凝固时,再砌筑第二层山石筒体,并按相同的方法浇筑混凝土。如此操作,直至峰顶为止,就能够砌筑起高高的山峰。

二、山洞结构

大中型假山一般要有山洞。山洞使假山幽深莫测,对于创造山景的幽静和深远境界是十分重要的。山洞本身也有景可观,能够引起游人极大的游览兴趣。在假山山洞的设计中,还可以使假山洞产生更多的变化,从而丰富其景观内容。

1. 洞壁的结构形式

从结构特点和承重分布情况来看,假山洞壁可分为以山石墙体承重的墙式洞壁和以山石洞柱为主、山石墙体为辅而承重的墙柱式洞壁两种形式(图 4-6)。

外侧连接

直线连接

内侧连接

图 4-6　洞壁结构

（1）墙式洞壁:这种结构形式是以山石墙体为基本承重构件的。山石墙体是用假山石砌筑的不规则石山墙,用作洞壁具有整体性好、受力均匀的优点。但洞壁内表面比较平,不易做出大幅度的凹凸变化,因此洞内景观比较平淡。采用这种结构形式做洞壁,所需石材总量比较多,假山造价稍高。

（2）墙柱式洞壁:由洞柱和柱间墙体构成的洞壁,就是墙柱式洞壁。在这种洞壁中,洞柱是主要的承重构件,而洞墙只承担少量的洞顶荷载。由于洞柱支承了主要的荷载,柱间墙就可以做得比较薄,可以节约洞壁所用的山石。墙柱式洞壁受力比较集中,壁面容易做出大幅度的凹凸变化,洞内景观自然,所用石材的总量可以比较少,因此假山造价可以降低些。洞柱有连墙柱和独立柱两种,独立柱有直立石柱和层叠石柱两种做法。直立石柱是用长条形山石直立起来作为洞柱,在柱底有固定柱脚的座石,在柱顶有起联系作用的压顶石。层叠石柱则是用块状山石错落地层叠砌筑而成,柱脚、柱顶也可以有垫脚座石和压顶石。

2. 山洞洞顶设计

在园林中,岩洞不仅可以吸引游人探奇、寻幽,还具有打破空间闭锁、产生虚实变化、丰富园林景色、联系景点、延长游览路线、改变游览情趣、扩大游览空间等作用。山洞的构筑最能体现传统假山合理的山体结构与高超的施工技术。

由于一般条形假山的长度有限,大多数条石的长度都在 $1\sim2$ m。如果山洞宽度设计为 2 m 左右,则条石的长度就不足以直接用作洞顶石梁,这时就需要特殊的方法才能做出洞顶来。因此,假山洞的洞顶结构一般都要比洞壁、洞底复杂一些。从洞顶的常见做法来看,其基本结构方式有 3 种,即盖梁式、挑梁式和拱券式。下面,分别就这三种洞顶结构来考察它们的设计特点。

(1) 盖梁式洞顶

假山石梁或石板的两端直接放在山洞两侧的洞柱上,呈盖顶状,这种洞顶结构形式就是盖梁式。盖梁式结构的洞顶整体性强,结构比较简单,也很稳定,因此是造山中最常用的结构形式之一。但是,由于受石梁长度的限制,采用盖梁式洞顶的山洞不宜做得过宽,而且洞顶的形状往往太平整,不像自然的洞顶。因此,在洞顶设计中就应对假山施工提出要求,希望尽量采用不规则的条形石材来做洞顶石梁。石梁在洞顶的搭盖方式一般有以下几种(图 4-7):

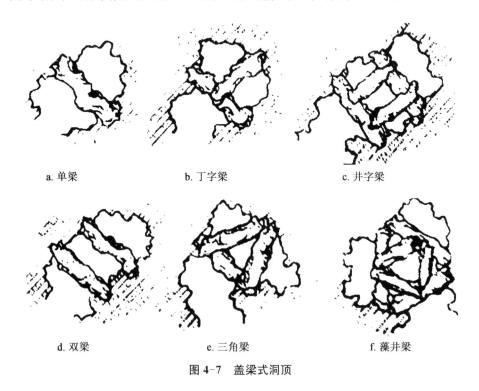

a. 单梁　　　　　　b. 丁字梁　　　　　　c. 井字梁

d. 双梁　　　　　　e. 三角梁　　　　　　f. 藻井梁

图 4-7　盖梁式洞顶

单梁盖顶:即洞顶由一条石梁盖顶受力。

丁字梁盖顶:由两条长石梁相交成丁字形,作为盖顶的承重梁。

井字梁盖顶:二条石梁纵向并行在下,另外二条石梁横向并行搭盖在纵向石梁上,多梁受力。

双梁盖顶:使用两条长石梁并行盖顶,洞顶荷载分布于两条梁上。

三角梁盖顶:三条石梁呈三角形搭在洞顶,由三梁共同受力。

藻井梁盖顶:洞顶由多梁受力,其梁头交搭成藻井状。

（2）挑梁式洞顶

用山石从两侧洞壁洞柱向洞中央相对悬挑伸出,并合拢做成洞顶,这种结构就是挑梁式洞顶结构(图 4-8a)。

（3）拱券式洞顶

这种结构形式多用于较大跨度的洞顶,是用块状山石作为券石,以水泥砂浆作为黏合剂,顺序起拱,做成拱形洞顶。这种洞顶的做法也被称作造环桥法,其环拱所承受的重力是沿着券石从中央分向两侧相互挤压传递,能够很好地向洞柱洞壁传力,因此不会像挑梁式和盖梁式洞顶那样将石梁压裂,或将挑梁压塌。由于做成洞顶的石材不是平直的石梁或石板,而是多块不规则的自然山石,其结构形式又使洞顶顶壁连成一体,因此这种结构的山洞洞顶整体感很强,洞景自然变化,与自然山洞形象相近(图 4-8b)。在拱券式结构的山洞施工过程中,当洞壁砌筑到一定高度后,须先用脚手架搭起操作平台,而后人在平台上进行施工,这样就能够方便操作,同时也容易对券石进行临时支撑,使拱券工作能够保证质量。扬州个园夏山即是此例。

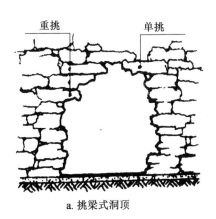

a. 挑梁式洞顶　　　　　　b. 拱券式洞顶

图 4-8　洞顶做法

三、山顶结构

山顶立峰,俗称"收头",叠山常作为最后一道工序,所以它实际就是山峰部分造型上的要求,从而出现了不同的结构特点。凡"纹""体""面""姿"为观赏最佳者,多用于收头之中。掇山为取得远观的山势以及加强山顶环境的山林气氛,而有峰峦的创作。

人工堆叠的山除大山以建筑来突出、加强高峻之势（如北京的北海白塔、颐和园佛香阁）外，一般多以叠石来表现山峰的挺拔险峻之势。山峰有主次之分，主峰居于显著的位置，次峰无论在高度、体积或姿态等方面均次于主峰。峰石可由单块石块形成，也可为多块叠掇而成。峰石的选用和堆叠必须和整个山形相协调，大小比例恰当。巍峨而陡峭的山形，峰态应尖削，具峻拔之势。以石横纹参差层叠而成的假山，石峰均横向堆叠，犹如山水画的卷云皴，这样立峰犹如祥云冉冉升起，能取得较好的审美效果。不同峰顶及其要求如图4-9所示。

a. 峰顶　　　　　　　　b. 云顶　　　　　　　　c. 峦顶

图 4-9　三种收顶形式

1. 堆秀峰

其结构特点在于利用丰厚强大的重力，镇压全局，它必须保证山体重力线垂直于底面中心，并起均衡山势的作用。峰石本身可为单块，也可为多块拼叠而成。体量宜大，但也不能过大而压塌山体。

2. 流云顶

流云式重于挑、飘、环、透的做法。因此在其中层，已大体有了较为稳固的结构关系，所以一般在收头时，不宜做特别突出的处理，但也要求把环透飞舞的中层收合为一。在用石料方面，常要用与中层类似形态和色彩的石料，以便将开口自然收压于石下。它本身可能完成一个新的环透体，也可能作为某一个挑石的后盾，掇压于后，这样既不会破坏流云式轻松的特色，又能保证叠石的绝对安全。除用一块山石外，还可以利用多块山石巧安巧斗，充分发挥叠石手法的多变性，从而创造出变化多端的流云顶，但应注意避免形成头重脚轻的不协调现象。

3. 剑立峰

凡利用竖向石形纵立于山顶者，称为剑立峰。要求其基石稳重，同时在剑石安放时必须充分落实，并与周围石体靠紧；另外，最重要的就是重心平衡。

四、山体的堆叠手法

无论是堆山还是叠石，要取得完美的造型并保证其坚固耐久，就必须给予其合理的结构关系。依靠对石料本身重力的安排而构成的假山主体结构，在传统的施工中，总结出以下24字诀（图4-10～图4-15）。

1. 安

安是安置山石的总称,是将一块山石平放在一块至几块山石之上的叠石方法。其中,把山石安放在一块支承石上面称为单安;以两块支承石做脚而安放山石的形式称为双安,形成下断上连,构成洞、岫等变化;将山石平放在三块分离的支承石之上称为三安,三安手法也可用于设置园林石桌石凳。

2. 压

压是用重石镇压悬崖后部或出挑山石的后端。这种方法主要是为了稳定假山悬崖或使出挑的山石保持平衡。压的时候,要注意使重石的重心位置落在挑石后部适当的地方,使其既能压实挑石,又不会因压得太靠后而导致挑石翘起翻倒。

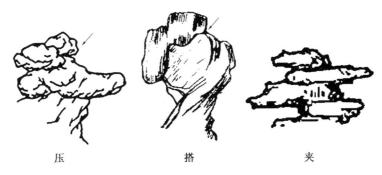

压　　　　　　　搭　　　　　　　夹

图 4-10　山石堆叠手法

3. 错

即错落叠石,上石和下石采取错位相叠,而不是平齐叠放。错可以使层叠的山石变化更多。为了强化山体参差不齐的形状和使山体更富于凹凸变化,有山石向左右方向错位堆叠的"左右错",也有山石向前后方向错位堆叠的"前后错"。

4. 搭

搭是用长形石或板状石块跨过其下方两边分离的山石,并盖在分离山石之上的叠石手法。主要应用在假山上做石桥和对山洞盖顶处理。所用的山石一定要避免规则形状,要用自然形状的长形石。

5. 连

连是指平放的山石与山石在水平方向上衔接。相连的山石在其连接处的槎口形状和石面皱纹要尽量相互吻合。吻合的目的不仅在于求得山石外观的整体性,更主要是为了在结构上浑然一体。要做到拍击衔接体一端时,在另一端也能传力受力。茬口中的水泥砂浆一定要填塞饱满,接缝表面应随着石形变化而变化,要抹成平缝,以便使山石完全连成整体。

6. 夹

夹是指在上下两层山石之间,塞进比较小块的山石,并用水泥砂浆固定住,在两层山石之间做出洞穴或孔眼的手法。其特点是两石上下相夹,所做孔眼如同水平槽缝状。此外,在竖立式结构的假山上,向直立的两块峰石之间塞进小石并加以固定,也是一种夹的方法。这种夹法的特点是两石左右相夹,所造成的孔洞主要是竖向槽孔。

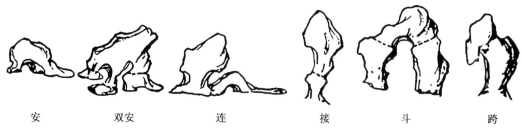

安　　　双安　　　连　　　接　　　斗　　　跨

图 4-11　山石堆叠手法

7. 挑

挑是指利用长形山石作挑石,横向伸出于其下层山石之外,并以下层山石支承重量,再用另外的重石压住挑石的后端,使挑石平衡挑出的叠石手法。

在出挑中,挑石的伸出长度一般可为其本身长度的 1/3~1/2。挑出一层不够远,则继续挑出一层至几层。只有一层的山石出挑称为单挑;有两层以上的山石出挑称为重挑;有两块挑石在独立的支座石上背向着从左右两方挑出,其后端由同一块重石压住的称为担挑。

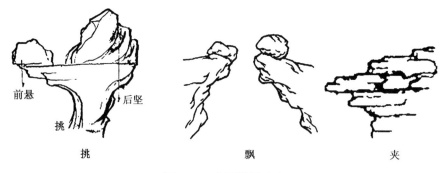

挑　　　　　　　飘　　　　　　　夹

图 4-12　山石堆叠手法

8. 飘

当出挑山石的形状比较平直时,在其挑头置一小石如飘飞状,可使挑石变得生动,这种叠石手法称为飘。

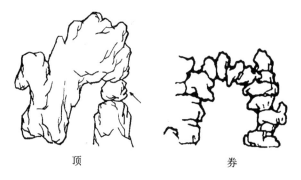

顶　　　　　　　券

图 4-13　山石堆叠手法

飘的形式有单飘和双飘两种。只在挑头设置一块飘石的称为单飘；在平放的山石上，于其两个端头各设置一块飘石的称为双飘。双飘又称担飘，在设置时一定要注意两块飘石要有对比，不能呈对称状。

9. 顶

立在假山上的两块山石，相互以其倾斜的顶部靠在一起的叠石手法称为顶。顶的叠石手法主要用于一般孔洞。

10. 斗

用分离的两块山石的顶部，共同顶起另一块山石，称为斗。斗主要用于透穿的孔洞。

11. 券

券又可称为拱券，是用山石作为券石来起拱做券。正如清代假山艺匠戈裕良所说，做山洞"只将大小石钩带联络，如造环桥法，可以千年不坏。要如真山洞壑一般，然后方称能事"。用自然山石拱券做山洞，可以像真山洞一样。如现存苏州环秀山庄之湖石假山即出自戈裕良之手，其中环、岫、洞皆为拱券结构，至今已有200多年的历史，仍稳固依然，不塌不毁。

12. 卡

卡是在两个分离的山石上部，用一块较小的山石插入两石之间的楔口而卡在其上，从而达到将两石上部连接起来的叠石方法。卡石重力传向两侧山石的情况和券拱相似，因此在力学关系上比较稳定。卡的手法运用较为广泛，既可用于石景造型，又可用于堆叠假山。承德避暑山庄烟雨楼旁的峭壁假山以卡石收顶做峰，无论从造型上或是从结构上看都比较稳定和自然。

13. 托

从下端伸出山石，去托住悬、垂山石的做法称为托。

拼　　　　悬　　　　卡　　　　剑　　　　垂

图4-14　山石堆叠手法

14. 剑

剑是用长条形峰石竖立在假山上，作为假山山峰的收顶石或作为山脚、山腰的小山峰，使山峰直立如剑，挺拔峻峭。

15. 榫

榫利用在石底石面凿出的榫头与榫眼相互扣合，将高大的峰石立起来。一般多用于单峰石。

16. 撑

撑又可称为戗，它是在重心不稳的山石下面，用另外的山石加以支撑，使山石稳定，并在石下造成透洞。在堆叠时要使支撑石与其上面的山石连接成为一个整体,绝不能为了支撑而支撑。

17. 接

将短石连接为长石称为接,山石之间的竖向衔接也称为接。

当两块山石的接口平整时可以接。如果山石的接口不平整,但两石的槎口凸凹相吻合也可相接。接石一般是同纹相接,只有这样才能使接口在外观上做到山石皱纹连接。

18. 拼

用小石组合成大石的技法称为拼。"拼"主要用于直立或斜立山石之间的相互拼合。

19. 贴

在直立大石的侧面附加一块小石称为贴。它使过于平直的大石石面形状有所变化。

20. 背

在采用斜立式结构的峰石上部表面附加一块较小山石称为背。

21. 肩

在一些山峰微凸的肩部,立起一块小山石称为肩。它能使山峰这一侧轮廓出现较大的变化。

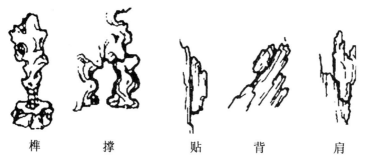

图 4-15　山石堆叠手法

22. 跨

跨是指在山石外轮廓形状单调而缺乏凹凸变化的情况下,在立石的肩部跨一块山石的叠石手法。在运用跨叠石时,要充分利用跨石的槎口,使跨石的槎口相互咬压,或借上面山石的重力加以稳定,必要时在受力处用钢丝或其他铁活辅助进行稳定。

23. 悬

在下面是环孔或山洞的情况下,使某山石从洞顶悬吊下来,这种叠石方法即为悬。悬一般常用于山洞洞顶的悬石,它能增加洞顶的变化。

24. 垂

垂是指山石从一个大石的顶部侧位倒挂下来,形成下垂的结构状态。

垂与悬的主要区别在于,垂是悬在中央,悬是悬在一侧。垂与跨的主要区别在于跨以倒垂之势取胜。

五、假山山体结构施工技术

在叠山施工中,不论采用哪种结构形式,都要解决山石与山石之间的固定与衔接问题,而这方面的技术方法在任何结构形式的假山中都是通用的。

山体结构施工大致有以下几种(图4-16):

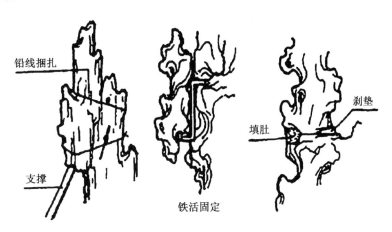

图4-16 辅助结构施工(山石衔接与固定)

1. 刹

在操作过程中,常称打刹、刹一块等,意在向石下放一石,以托垫石底,保持其平稳。叠石均力求大面或坦面朝上,而底面必然残缺不全、凹凸不平,为使其平衡稳固,就必须利用不同种类的小型石块填补于石下,此称为打刹,而小石本身称为刹。为了弥补叠石底面的缺陷,刹石技术是叠山的关键环节。下面对几类刹石进行介绍。

(1)材料

青刹——一般有青石类的块刹与片刹之分。块状的无显著内外厚薄之分,片状的有明显的厚薄之分,一般常用于一些缝中。

黄刹——一般湖石类之刹称为黄刹,常无平滑断面或节理石,多呈圆团状或块状,适用于太湖石的叠石当中。

不论哪种刹石,都要求质地密结,性质坚韧,不易松脆。其大小很不一致,小者掌指可取,大者双手难持,可随机应变。

(2)应用方式

单刹——因单块最为稳固,不论底面大小,刹石力求单块解决问题,严防碎小。一块刹石称为单刹。

重刹——用单刹力所不及者,可重叠使用,重一、重二、重三均可,但必须保证卡紧无脱落之危险。

浮刹——凡不起主力作用而填入底口者,一方面美其石体,更为便于抹灰,这种刹石为浮刹。

（3）操作要点

尽力因口选刹,避免就刹选口("口"是指底石面准备填刹的地方)。

叠石底口朝前者为前口,朝后者为后口,刹石应前后左右照顾周全,需在四面找出吃力点,以便控制全局。

打刹必须在确定山石的位置以后再进行,所以应先用托棍将石体顶稳,不得滑脱。

向石底放刹,必须左右横握,不得上下手拿,以防压伤。

安放刹石和叠石相同,均力求大面朝上。

用刹常薄面朝内插入,随即以平锤式撬棍向内稍加锤打,以求抵达最大吃力点,俗称"随口锤"或"随紧"。

若几个人围着山石同时操作,则每面刹石向内锤打,用力不得过猛,得知稳固即可停止,否则常因用力过大,一点之差而使其他刹石失去作用,或因为用力过大而砸碎刹石。

若叠石处于前悬状态,必须使用刹块,这时必须先打前口再打后口,否则,会因次序颠倒而造成叠石塌落现象。

施工人员应一手扶石,一手打刹,随时察觉其动态与稳固情况。石之中,刹石外表可凹凸多变,以增加石表之"魂",在两个巨石叠落时相接,刹的表面应当缓其接口变化,使上下叠石相接自如,不致生硬。

2. 支撑

山石吊装到山体一定位点上,经过位置、姿态的调整后,就要将山石固定在一定的状态上,这时应先进行支撑,使山石临时固定下来。支撑材料应以木棒为主,以木棒的上端顶着山石的某凹处,木棒的下端则斜着落在地面,并用一块石头将棒脚压住。一般每块山石都要用2～4根木棒支撑,因此,工地上最好能多准备些长短不同的木棒。此外,铁棍或长形山石也可作为支撑材料。支撑这一固定方法主要是用于大而重的山石,这种方法对后续施工操作将会带来一些阻碍。

3. 捆扎

为了将调整好位置和姿态的山石固定下来,还可采用捆扎的方法。捆扎方法比支撑方法简便,而且对后续施工基本没有阻碍现象。这种方法最适宜体量较小山石的固定,对体量特大的山石则还应该辅之以支撑方法。山石捆扎固定一般采用8号或10号铅丝。用单根或双根铅丝做成圈,套上山石,并在山石的接触面垫上或抹上水泥砂浆后再进行捆扎。捆扎时铅丝圈先不必收紧,应适当松一点,然后再用小钢钎(錾子)将其绞紧,使山石无法松动。

4. 铁活固定

必须在山石本身重心稳定的前提下使用铁活用以加固,铁活常用熟铁或钢筋制成。铁活要求不露,因此不易被发现。古典园林中常用的有以下几种加固设施:

（1）银锭扣。为熟铁铸成,其两端为燕尾状,因此也叫燕尾扣。银锭扣有大、中、小三种规格,主要用来连接较平直的硬山石,如要连接的山石接口处不平直,应先凿打平整。连接时,先将两块石头接口对着接口,再按银锭扣大小划线并凿槽,使槽形如银锭扣的形状。然后将铁扣打入槽中,就可将两块山石紧紧连接在一起(图4-17)。

（2）铁爬钉。用熟铁制成，其形状有点像扁铁条做的两端呈直角翘起的铁扁担，但比较短些，一般长 30～50 cm，也可根据实际需要定做。铁爬钉的结构作用主要是用来连接和固定山石，水平向及竖向连接都可用。现在南方地区在采用水秀石类松质石材造山时，还常用铁爬钉作为连接山石的结构设施。对于硬质山石，一般要先在石面凿两个槽孔，然后再用铁爬钉加以连接（图 4-18）。

图 4-17　银锭扣

（3）铁扁担。铁扁担可以用厚 200 mm 以上的扁铁条、40 mm×40 mm 以上的角钢或直径 30 mm 的螺纹钢条来制作，其长度应根据实际需要确定，一般在 70～150 cm。这种铁件主要用在假山的悬挑部位和作为假山洞石梁，以加固洞顶的结构。如果采用扁铁条做的铁扁担，则铁条两端应呈直角上翘，翘头略高于所支承石梁的两端。在假山的崖壁边需要向外悬出山石时，也可以采用铁扁担。欲悬出的山石上如有洞穴，或是质地较软可凿洞，还可以直接将悬石挑于铁扁担的端头（图 4-19）。

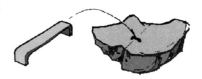

图 4-18　铁爬钉

（4）马蹄形吊架和叉形吊架。见于江南一带，扬州清代宅园寄啸山庄的假山洞底，由于用花岗石做石梁只能解决结构问题，外观极不自然。用这种吊架从条石上挂下来，架上再安放山石便可裹在条石外面，便接近自然山石的外貌（图 4-20）。

图 4-19　铁扁担

（5）模坯骨架。岭南园林多以英石为山，因为英石很少有大块料，所以假山常以铁条或骨架，称为模坯骨架，然后再用英石的石皮贴面，贴石皮时依皴纹、色泽而逐一拼接，石块贴上，待胶结凝固后才能继续掇台。

5. 填肚

山石接口部位有时会有凹缺，使石块的连接面积缩小，也使连接两块山石之间呈断裂状，没有整体感。这时就需要填肚。所谓填肚，就是用水泥砂浆把山石接口处的缺口填补起来，一直要填得与石面平齐。

6. 勾缝与胶结

掇山之事虽在汉代已有明文记载，但宋代以前假山的胶结材料已难考证。不过，在没有发明石灰以前，只可能是干砌或用素泥浆砌。从宋代李诫所撰《营造法式》中可以看到用灰浆泥砌假山，并用粗墨调色勾缝的记载，因为当时风行太湖石，宜用色泽相近的灰白色浆勾缝。从一些假山师傅拆迁明、清的假山来看，勾缝的做法尚有桐油石灰（或加纸筋）、石灰纸筋、明矾石灰、糯米浆拌石灰等多种，勾缝再加青煤，黄石勾缝后刷铁屑盐卤等，使之与石色

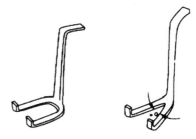

图 4-20　马蹄形吊架和叉形吊架

相协调。如不同颜色的山石采用不同的抹缝处理方式:假山所用石材如果是灰色、青灰色山石,则在抹缝完成后直接用扫帚将缝口表面扫干净,同时也使水泥缝口的抹光表面不再光滑,从而更加接近石面的质地。假山若采用灰白色湖石砌筑,则要用灰白色石灰砂浆抹缝,以使色泽近似。采用灰黑色山石砌筑的假山,可在抹缝的水泥砂浆中加入炭黑,调制成灰黑色浆体后再抹缝。对于土黄色山石的抹缝,则应在水泥砂浆中加进柠檬铬黄。如果是用紫色、红色的山石砌筑假山,可以采用铁红把水泥砂浆调制成紫红色浆体再用来抹缝等。

现代掇山,广泛使用1∶1水泥砂浆,勾缝用"柳叶抹",有勾明缝和暗缝两种做法。一般是水平向缝都勾明缝,在需要时将竖缝勾成暗缝,即在结构上成为一体,而外观上有自然山石缝隙。勾明缝务必不要过宽,最好不要超过2 cm。如缝过宽,可用随形之石块填缝后再勾浆。

明缝是缝口水泥砂浆表面与两旁石面相互平齐的形式。由于表面平齐,能够很好地将被黏合的两块山石连成整体,而且不增加缝口宽度,所露出的水泥砂浆比较少,有利于减少人工胶合痕迹。应当采用明缝抹缝的有:两块山石采用"连""接"或数块山石采用"拼"的叠石手法时,需要强化被胶合山石之间的整体性时,结构形式为层叠式的假山竖向缝口抹缝时,结构为竖立式的假山横向缝口抹缝时等(图4-21)。

图4-21 明缝施工过程

暗缝则是缝口水泥砂浆表面低于两旁石面的凹缝形式。暗缝能够最少地显露缝口中的水泥砂浆,而且有时还能够被当作石面的皱纹或皱褶使用。在抹缝操作中一定要注意缝口内部要用水泥砂浆填实,填到距缝口石面5~12 mm处即可将凹缝表面抹平抹光。缝口内部若不填实在,则山石有可能胶结不牢,严重时也可能倒塌。可以采用暗缝抹缝的有:需要增加山体表面的皱纹线条时,结构为层叠式的假山横向抹缝时,结构为竖立式的假山竖向抹缝时,需要在假山表面特意留下裂纹时等。

第五章 现代塑石假山营造技术

现代塑石假山是指在传统灰塑山石和假山基础上采用混凝土、玻璃钢、有机树脂等现代材料和石灰、砖、水泥等非石材料经人工塑造的假山和假石。

塑山具有的特点包括：制造材料来源广泛，取用方便；造型不受石材大小和形态限制，布置灵活；施工周期短，见效快；在色彩和质感上都能取得逼真效果等。但塑山存在混凝土硬化后表面有细小的裂纹、塑山表面皴纹的变化不如自然山石丰富、塑山的使用期不如石材长等不足。

当然，由于山的造型、皴纹等细部处理主要依靠施工人员的手工制作，因此对于塑山施工人员的个人艺术修养及制作手法、技巧要求很高。人工塑造的山石表面易发生皲裂，会影响整体刚度及表面仿石质感的观赏性，同时面层容易提色，需要经常维护，不利于长期保存，使用年限较短。

人工堆塑山石根据其结构骨架材料的不同，可分为钢筋混凝土塑山和砖石结构骨架塑山两大类：砖骨架塑山是以砖作为塑山和塑石的骨架，适用于小型塑山及塑石；钢骨架塑山是以钢材作为塑山和塑石的骨架，适用于大型假山。

第一节 钢筋混凝土塑山石

钢筋结构骨架塑山以钢材、铁丝网作为塑山的结构骨架，适用于大型假山的雕塑、屋顶花园塑山等。

一、施工准备

1. 现场准备

在工程进场施工前派有关人员进驻施工现场，进行现场的准备，其重点是对各控制点、控制线、标高等进行复核，做好"四通一清"，本工程临时用电设施由业主解决，在现场设置二级配电箱，实现机具设备"一机、一箱、一闸、一漏"。施工用水接入点从现有供水管网接入，采用 48 mm 口径的钢管接至现场。场区内用水采用 DN 25 水管，局部地方采用软管，确保施工便捷，达到工程施工的要求。

2. 技术准备

组织全体技术人员认真阅读假山施工图纸等有关文件和技术资料，并会同设计、监理人员进行技术交底，了解设计意图和设计要求，明确施工任务，编制详细的施工组织设计，学习有关标准及施工验收规范。

3．机具准备

根据施工机具需要量计划，按施工平面图要求，组织施工机械、设备和工具进场，按规定地点和方式存放，设专人对其维修保养，并使所有进场设备均处于最佳的运转状态。主要的工具及设备包括斧头、钎子、铁锹、镐、挖掘机、运输车辆、打夯机、脚手架、经纬仪、水准仪、放线尺等。

4．材料准备

根据各项材料需要量计划组织其进场，按规定地点和方式储存或者堆放。主要材料包括普通水泥、白水泥、石子、粗砂、中砂、细砂、钢筋、钢丝网、SBS防水卷材、防水剂、铁红、铁黄、放线材料等。确认砂浆、混凝土实际配合比以及钢筋的原材料试验：取拟定工程中使用的砂骨料、石子骨料、水泥送配比实验室，制作设计要求的各种标号砂浆、混凝土试验试块，由试验机械确定实际施工配合比。同时，根据设计使用的各种规格钢筋，按规范要求取样，制作钢筋原材料试件、钢筋焊接试件，送实验室进行测试，符合设计要求后再进行采购供应，并确定焊接施工的焊条、焊机型号等。

5．人员准备

按照工程要求，组织相关管理人员、技术人员等，由于人工塑造假山工程的特殊性，要求技术工人必须具备较高的个人艺术修养和施工水平。

二、人工塑造山石工艺流程

钢筋混凝土塑山也叫钢骨架塑山，是以钢材作为塑山的骨架，适用于大型假山的塑造。先按照设计的造型进行骨架的制作，常采用直径为10～12 mm的钢筋进行焊接和绑扎，然后用细目的铁丝网罩在钢骨架的外面，并用绑线捆扎牢固。做好骨架后，用1∶2水泥砂浆进行内外抹面，一般抹2～3遍，使塑造的山石壳体厚度达到4～6 cm即可，然后在其外表面进行面层的雕刻、着色等处

假山现代塑石工程

理。施工工艺流程一般为：放样放线—挖土方—浇混凝土垫层—焊接骨架—做成分块钢架—铺设钢丝网—双面混凝土打底—造型与皴纹修饰—面层上色—成形。

三、基础施工

1．基础放样

按照假山施工平面图中所绘的施工坐标方格网，利用经纬仪、放线尺等工具将横、纵坐标点分别测设到场地上，并在坐标点上打桩定点。假山水池这种放样要求较细致的地方，可在设计坐标方格网内加密桩点。然后以坐标桩点为准，根据假山平面图，用白灰在场地地面上放出边轮廓线。再根据设计图中的标高找出在假山北侧路面上的标高基准点±0.000，利用水准仪测设定出坐标桩点标高及轮廓线上各点标高，可以确定挖方区、填方区的土方工程量。

2．基槽开挖土方

基槽开挖前，对原土地面组织测量并与设计标高比较，根据现场实际情况，考虑降低成本，尽量不外运土方而就地回填消化。考虑基槽开挖的深度不大，在挖土时采用推土机、人工结合的方式进行。开挖基槽时，用推土机从两端或顶端开始（纵向）推土，把土推向中部或顶端，暂时堆积，然后再横向将土推离基槽的两侧，在机械不易施工处，人工随时配合进行挖

掘,并用手推车把土运到机械施工处,以便及时用机械挖走。挖方工程基本完成后,对挖出的新地面进行整理,要铲平地面,根据各坐标桩标明的该点填挖高度和设计的坡度数据,对场地进行找坡,保证场地内各处地面都基本达到设计的坡度。在基槽开挖施工中应注意:挖基槽要按垫层宽度每边各增加 30 cm 工作面,在基槽开挖时,测量工作应跟踪进行,以确保开挖质量,土方开挖及清理结束后要及时验收隐蔽,避免地基土裸露时间过长。

3. 基础施工——浇混凝土垫层

本工程基础施工主要为水池部分施工。根据假山水池剖面图,可按照如下流程进行:素土夯实—200 mm 厚粗砂垫层—150 mm 厚 C10 垫层混凝土—底板钢筋绑扎、池壁竖筋预留斗抗渗混凝土浇筑斗养护—池壁绑扎钢筋—池壁浇混凝土—养护、拆模—SBS 卷材施工—100 mm 厚 C10 混凝土保护层施工—电气及给排水进行。在基础施工时,必须将给排水管道及电缆线路预埋管等穿插施工进行预埋,且要注意防腐。

钢骨架焊接视频

四、山体施工

1. 基架设置

人工塑造山石假山骨架可根据山形、体量和其他条件分别选择采用的基架结构,如砖基架、钢架、混凝土基架,以及三者的结合。用 5 mm×5 mm 的角钢做假山骨架的竖向支撑,用 3 mm×3 mm 的角钢做横向及斜向支撑,根据假山施工平面图、假山施工立面图所需的各种形状进行焊接,制作出假山的主要骨架,作为整个山体的支撑体系,并在此基础上进行山体外形的塑造,根据假山造型的细节表现,预先制作分块骨架,加密支撑体系的框架密度,使框架的外形尽可能接近设计的山体的形状,附在形体简单的主骨架上,变几何形体为凸凹的自然外形。如果假山工程是与水景、水池结合应用的,故在基架将自然山形概括为内接的几何形体的桁架,并涂防锈漆两遍(图 5-1)。

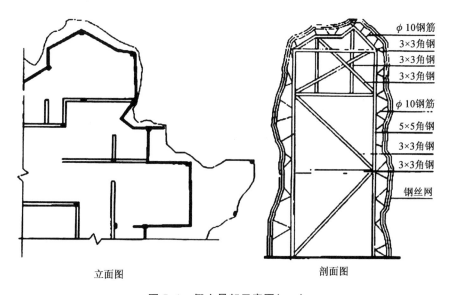

φ 10钢筋
3×3角钢
3×3角钢
3×3角钢
φ 10钢筋
5×5角钢
3×3角钢
3×3角钢
钢丝网

立面图   剖面图

图 5-1 假山骨架示意图(mm)

2. 构架与钢丝网铺设

先按设计的岩石或假山形体,用直径 12 mm 的钢筋编扎成山石的模胚形状作为结构骨架(钢筋的交叉点最好用电焊焊牢),其上再挂钢丝网。铺设钢丝网是塑山效果好坏的关键因素,绑扎钢筋网时选择易于挂泥的钢丝网,需将全部钢筋相交点扎牢,附在形体简单的基架上,变几何形体为凹凸的自然外形。避免出现松扣、脱扣,相邻绑扎点的绑扎钢丝扣成八字开,以免网片歪斜变形,不能有浮动现象。钢丝网根据设计要求用木槌和其他工具成型(图 5-2)。

挂水泥砂浆打底　　绑扎钢丝网的视频

3. 挂水泥砂浆打底

塑山骨架及钢丝网完成后,在钢丝网上抹水泥砂浆,掺入纤维性附加料可增加表面抗拉的力量,减少裂缝,水泥砂浆以选到易抹、黏网的程度为好。然后把拌好的水泥砂浆用小型灰抹子在托板上反复翻动,抹灰时将水泥砂浆挂在钢丝网上,注意不要像抹墙那样用力,轻轻地把灰挂住即可。抹灰必须布满网上,最为重要的是各形体的边角一定要填满、抹牢,因为它主要起到形体力的作用。最后于其上进行山石皴纹造型。在配制彩色水泥砂浆时,颜色应比设计颜色稍深一些,待塑成山石后其色度会稍稍变得浅淡,尽可能采用相同的颜色。若为钢骨架塑

图 5-2　构架与钢丝网铺设

山,则应先抹白水泥麻刀灰两遍,再堆抹 C20 豆石混凝土(坍落度为 0°~2°)打底,然后在其上用 M15 水泥砂浆罩面进行山石皴纹处理(图 5-3a)。

a. 挂水泥砂浆打底　　　　　b. 塑面　　　　　　　　c. 皴纹修饰

图 5-3　现代假山山体施工

4. 塑面和皱纹修饰

1）塑面

用粗砂配制的1：2水泥砂浆,从石内石外两面进行抹面。一般要抹面2～3遍,使塑山的石面壳体总厚度达到4～6 cm。塑面是指在塑体表面进一步细致地刻画。山石施工质感、色泽、纹理,必须表现出皱纹、石裂、石洞等。质感和色泽方面根据设计要求,用石粉、色粉按适当的比例配白水泥或普通水泥调成砂浆,按粗糙、平滑、拉毛等塑面手法处理。纹理刻画宜用抽象的"意笔"手法,概括简练,自然特征的处理宜用"工笔"手法,精雕细琢。这些表现主要是用砍、劈、刮、拉等手段来完成:砍出自然的断层,劈出自然的石裂,刮出自然的石面,拉出自然的石纹。一个山石山体所表现的真实性与技法、技巧的运用有着密切的关系,塑面操作者要认真观察自然山石、细致模仿自然山石,才能表现出自然山石的效果(图5-3b)。

2）皱纹修饰

修饰重点在山脚和山体中部。山脚应表现粗犷,有人为破坏、风化的痕迹,并多有植物生长。山腰部分,一般在1.8～2.5 m处,是修饰的重点,追求皱纹的真实,应做出不同的面,强化力感和楞角,以丰富造型。注意层次和色彩逼真。主要手法有印、拉、勒等。山顶,一般在2.5 m以上,施工时不必做得太细致,可将山顶轮廓线渐收同时色彩变浅,以增加山体的高大和真实感(图5-3c)。

皱纹处理的视频

5. 上色技术

上色有两种工艺,第一种为泼色工艺,第二种为甩点工艺。

1）泼色工艺

采用水性色浆,一般调制3～4种颜色,即主体色、中间色、黑色、白色,颜色要仿真,可以有适当的艺术夸张,色彩要明快。调制后从山石、山体上部泼浇,几种颜色交替数遍。着色要有空气感,如上部着色略浅,纹理凹陷部的色彩要深,直至感觉有自然顺条石纹即可。这个技巧需要通过反复练习才能掌握。

2）甩点工艺

这是一种比较简单的工艺。采用这种工艺处理雕塑形体比较简单和粗糙,可遮盖不经意的缺陷。最后可选用真石漆进行罩面。将水性真石漆用水调稀后,用喷枪、喷壶喷至着色后的山体上,主要作用是加强表现颜色的真实性,同时使颜色透进水泥层,达到不掉色、防水的作用。

还应注意形体光泽,可在石的表面涂过氧树脂或有机硅,重点部位还可打蜡。青苔和滴水痕的表现也应注意,时间久了会自然地长出真的青苔。还应注意种植池,其大小和配筋应根据植物(含土球)总质量来决定,并注意留排水孔。

由于新材料、新工艺的不断推出,打底塑形、塑面和设色往往合并处理。如将颜料混合于灰浆中,直接抹上即可加工成型。也可先在加工厂制作出一块块仿石料,运到施工现场缚挂或焊挂在基架上,当整体成型达到要求后对接缝及石脉纹理进一步加工处理,即可成山。

6. 表面修饰

表面修饰主要有以下两个方面的工作。

1）着色

可直接用彩色配制,此法简单易行,但颜色呆板。另一种方法是选用不同颜色的矿物颜料加白水泥再加适量的107胶配制而成,颜色要仿真,可以有适当的艺术夸张,色彩要明快,着色要有空气感,如上部着色略浅,纹理凹陷部色彩要深,常用手法有洒、弹、倒、甩。刷的效果一般不好。

2）光泽

可在石的表面涂过氧树脂或有机硅,重点部位还可打蜡。还应注意青苔和滴水痕的表现,时间久了会自然地长出真的青苔。

五、验收与养护

1. 养护管理

在水泥初凝后开始养护,要用麻袋片、草帘等材料覆盖养护,避免阳光直射,并每隔2～3 h浇一次水。浇水时,要注意轻淋,不能直接冲射。如遇到雨天,也应用塑料布等进行遮盖。养护期不少于半个月。在气温低于5℃时应停止浇水养护,采取防冻措施,如遮盖稻草、草帘、草包等。假山内部钢骨架等一切外露的金属构件每年均应做一次防锈处理。

2. 种植池

种植池的大小应根据植物（含土球）总质量决定池的大小和配筋,并注意留排水孔。给排水管道最好在塑山时预埋在混凝土中,做时一定要做防腐处理。在兽舍外塑山时,最好同时做水池,以便于兽舍降温和冲洗,并方便植物供水。

3. 竣工验收

竣工验收时除对内业验收外,还要对外业进行验收,具体的验收内容如下：①假山造型有特色,近于自然；②假山的石纹勾勒逼真；③假山内部结构合理、坚固,接头严密牢固；④假山的山壁厚度达到3～5 cm,山壁山顶受到踹踢、蹬击无裂纹损伤；⑤假山内壁的钢筋铁网用水泥砂浆抹平；⑥假山表面无裂纹、无砂眼、无外露的钢筋头、丝网线；⑦假山山脚与地面、堤岸、护坡或水池底结合严密自然；⑧假山上水槽出水口处呈水平状,水槽底、水槽壁不渗水；⑨假山山体的设色有明暗区别,协调匀称,手摸时不沾色,水冲时不掉色。

第二节　砖骨架塑山石

一、砖骨架塑石工艺流程

1. 施工准备

（1）现场准备

在工程进场施工前派有关人员进驻施工现场,进行现场的准备,其重点是对各控制点、控制线、标高等进行复核,做好"四通一清",本工程临时用电设施由业主解决,在现场设置二级配电箱,实现机具设备"一机、一箱、一闸、一漏"。施工用水接入点从现有供水管网接入,采用48 mm口径的钢管接至现场。场区内用水采用DN 25水管,局部地方采用软管,确保施工便捷,达到工程施工的要求。

（2）技术准备

组织全体技术人员认真阅读假山施工图纸等有关文件和技术资料,并会同设计、监理人员进行技术交底,了解设计意图和设计要求,明确施工任务,编制详细的施工组织设计,学习有关标准及施工验收规范。

（3）机具准备

根据施工机具需要量计划,按施工平面图要求,组织施工机械、设备和工具进场,按规定地点和方式存放,设专人对其维修保养,并使所有进场设备均处于最佳的运转状态。主要的工具及设备包括斧头、钎子、铁锹、镐、挖掘机、运输车辆、打夯机、脚手架、经纬仪、水准仪、放线尺等。

（4）材料准备

根据各项材料需要量计划组织其进场,按规定地点和方式储存或者堆放。主要材料包括普通砖、水泥、白水泥、石子、粗砂、中砂、细砂、钢筋、钢丝网、SBS 防水卷材、防水剂、铁红、铁黄、放线材料等。确认砂浆、混凝土实际配合比以及钢筋的原材料试验:取拟定工程中使用的砂骨料、石子骨料、水泥送配比实验室,制作设计要求的各种标号砂浆、混凝土试验试块,由试验机械确定实际施工配合比。

（5）人员准备

按照工程要求,组织相关管理人员、技术人员等,由于人工塑造假山工程的特殊性,要求技术工人必须具备较高的个人艺术修养和施工水平。

二、基础施工

（1）基础放样

在假山施工平面图中所绘的施工坐标方格网上,选择一个与地面有参考的可靠固定点作为放样坐标点,再利用经纬仪、放线尺等工具将横、纵坐标点分别测设到场地上,并在坐标点上打桩定点。假山水池放样要求较细致的地方,可在设计坐标方格网内加密桩点,然后以坐标桩点为准,根据假山平面图,用白灰在场地地面上放出边的轮廓线。再根据设计图中的标高找出在假山北侧路面上的标高基准点±0.000,利用水准仪测设定出坐标桩点标高及轮廓线上各点标高,则可以确定挖方区、填方区的土方工程量。

（2）基槽开挖土方

开始(纵向)推土,把土推向中部或顶端,暂时堆积,然后再横向将土推离基槽的两侧,在机械不易施工处,人工随时配合进行挖掘,并用手推车把土运到机械施工处,以便及时用机械挖走。挖方工程基本完成后,对挖出的新地面进行整理,要铲平地面,根据各坐标桩标明的该点填挖高度和设计的坡度数据,对场地进行找坡,保证场地内各处地面都基本达到设计的坡度。在基槽开挖施工中应注意:挖基槽要按垫层宽度每边各增加 30 cm 工作面,在基槽开挖时,测量工作应跟踪进行,以确保开挖质量,土方开挖及清理结束后要及时验收隐蔽,避免地基土裸露时间过长。

（3）基础施工——浇混凝土垫层

砖骨架塑山基础施工:在塑山范围内基础满打灰土或碎石混凝土。基础厚度按荷载大小设计确定。坐落在室内的塑山要根据楼板的结构和荷载条件进行结构计算,包括地梁和钢梁、柱及支撑设计等。基架多以内接的几何形体为桁架,以作为整个山体的支撑体系,并在此基础上进行山体外形的塑造。施工中应在主基架的基础上加密支撑体系的框架密度,使框架的外形尽可能接近设计的山体形状。凡用钢筋混凝土基架的都应涂防锈漆两遍。

三、砖石塑造山石过程

1. 构架施工

砖骨架塑山的构造:先按照设计的山石形体,用废旧砖石材料砌筑起来(砌体的形状与设计石形差不多,砌体内可砌出空心石室),为了节省材料,可在砌体内砌出内空的石室,然后用钢筋混凝土板盖顶(留出门洞和通气口)。当砌体胚形完全砌筑好后,就用1:2或1:2.5的水泥砂浆,仿照自然山石石面进行抹面。以这种结构形式做成的人工塑石,石内有实心的,也有空心的(图5-4)。

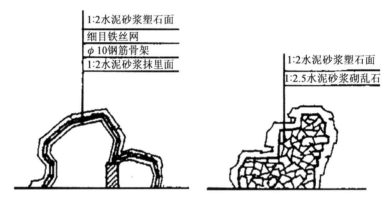

图5-4　人工塑石的两种构造形式

2. 铺设铁丝

铁丝网在塑山中主要起成形及挂泥的作用。砖石骨架一般不设铁丝网,但形体宽大者也需铺设,钢骨架必须铺设铁丝网。铁丝网要选择易于挂泥的材料。铺设之前,先做分块钢架附在形体简单的钢骨架上并焊牢,变几何形体为凹凸的自然外形,其上再挂铁丝网。铁丝网根据设计造型用木槌及其他工具成型。接着,就用粗砂配制的1:2水泥砂浆,从石内石外两面进行抹面。一般要抹面2~3遍,使塑石的石面壳体总厚度达到4~6 cm。采用这种结构形式的塑石作品,石内一般是空的,不能受到猛烈撞击,否则山石容易遭到破坏。

3. 打底

塑山骨架完成后,若为砖石骨架,常用M 7.5混合砂浆打底,然后在其上用M 15水泥砂浆罩面,并在其上进行山石皱纹造型。

四、抹面与上色

人工塑山能不能逼真,关键在于石面抹面层的材料、颜色和施工工艺水平。要仿真,就要尽可能采用相同的颜色,并通过精心的抹面和石面皱纹、棱角的塑造,使石面具有逼真的质感,从而达到做假如真的效果。因此,塑山骨架基本成型后用1∶2或1∶2.5的水泥砂浆仿照自然山石石面进行抹面,用于抹面的水泥砂浆应当根据所仿造山石种类的颜色,加入一些颜料,最后修饰成型。

下面介绍一下着色石色水泥浆的配制方法(表5-1):

(1)采用彩色水泥直接配制而成,如塑黄石假山时采用黄色水泥,塑红石假山则用红色水泥。此法简便易行,但色调过于呆板和生硬,且颜色种类有限。

(2)在白水泥中掺入色料。此法可配成各种石色,且色调较为自然逼真,但技术要求较高,操作亦较为烦琐。

以上两种配色方法可因地制宜选用。

表 5-1　着色石色水泥浆的配制方法

材料 仿色用量	白水泥	普通水泥	氧化铁黄	氧化铁红	硫酸钡	107 胶	黑墨汁
黄石	100	—	5	0.5	—	适量	适量
红色山石	100	—	1	5	—	适量	适量
通用石色	70	30				适量	适量
白色山石	100	—	—	—	5	适量	—

第三节　塑造假山石新工艺

一、GRC 假山造景

20世纪80年代,国际上出现了用GRC造假山。GRC(Glass Fiber Reinforced Concrete)是玻璃纤维增强混凝土的英文缩写。它使用机械化生产制造假山石元件,使其具有质量轻、强度高、可塑性强、抗老化、耐水湿、耐腐蚀,易于工厂化生产,施工方法简便、快捷,成本低,能完美地再现天然石材的各种皴纹等特点,是目前理想的人造山石材料,它为假山艺术创作提供了广阔的空间和可靠的物质保证,为假山技艺开创了一条新路,使其达到"虽为人作,宛自天开"的艺术境界。

GRC 塑山的视频

为了克服钢、砖骨架塑山存在的施工技术难度大、皴纹很难逼真、材料自重大、易裂和褪色等缺陷,作为新型的塑山材料——玻璃纤维强化水泥工艺在中央新闻纪录电影制片厂、秦皇岛野生动物园、中共中央党校、北京重庆饭店庭园、广东飞龙世界、黑龙江大庆石油管理局体育中心海洋馆等工程中进行了实践,均取得了较好的效果。

1. 选石及准备

(1)选石应按设计图纸要求选用石材,例如黄石、太湖石、青石、溪坑石等,然后按相应的石材制作模块。要求石材皴纹好,石块脱模部位应选择方形或长方形,外形略整齐,石块平整(石块过陡则制模困难)。

(2) 用扫帚或毛刷清洁石块表面的杂物、尘土后,用清水将石块表面冲洗干净。

(3) 在预脱模部分的外沿用石膏围堰。

(4) 在石块表面喷(刷)隔离剂,干后即可制模。

2. 做聚氨酯软模

(1) 选用一定配合比例的聚氨酯。

(2) 先将定量的乙料(黄色液,无味)倒入容器,再将定量的甲料(黑色黏稠状液体,无味)倒入乙料中搅拌均匀。用电动搅拌器强力搅拌均匀,功率0.3~0.5 kW,转速200~500转/分。

(3) 将聚氨酯涂于石块表面,要求薄厚均匀。

3. 制玻璃钢硬模

(1) 目的是以硬模作框架用以支撑软模。

(2) 材料及配比材料主要有不饱和聚酯树脂、固化剂、催化剂等。

(3) 先将固化剂加入树脂内,待混合充分后加催化剂。此过程有剧毒,制作时注意通风、防火,操作时应戴橡胶手套、防毒面具,切忌将固化剂与催化剂同时加入或混合加入,以免爆炸起火,为节约材料可适量加入滑石粉。

4. 制作GRC山石元件

(1) 在软模内侧喷(刷)隔离剂层,要求喷布均匀,干后待用。

(2) 配制面层材料(根据岩石类型而定)。

(3) 配制内层材料,将低碱水泥和玻璃纤维同时喷入模具。

(4) 将玻璃纤维和水泥进行掺和,每次喷布的厚度为一定值,并滚压夯实,在其中加入预埋件,每个固定铁件约承受50 kg重量,每60~100 cm^{2}应有一个预埋件。继续重复喷布滚压至达到设计厚度。自然养护,成品初凝后即可用塑料膜覆盖养护3~7天。

5. 进行表面处理

(1) 用毛刷清洁GRC元件表面。

(2) 涂有机硅两遍,以提高其抗风化能力,使其表面具有防水、防潮、防腐和耐气候力,并有防菌类生长的效果。

(3) 表面涂乳液地板蜡。待有机硅干后即可上蜡,将乳液地板蜡涂刷于GRC元件表面,数分钟后用干布或棉丝等摩擦即可。

6. GRC假山骨架的制作及其技术处理

(1) GRC假山骨架的制作

GRC假山的骨架是采用角铁、圆钢为基本材料,根据假山坐落地点的实际情况和假山的外观造型、设计要求制作。骨架采用电焊连接,涂刷两层防锈漆。

如果假山坐落在溪流中,则金属骨架采用与混凝土浇筑在一起,既牢固又可以保护金属骨架不受水的侵蚀(图5-5)。

图5-5 GRC假山

（2）GRC 假山的组装

GRC 山石元件运往现场后,按照设计图纸要求并根据现场的实际情况,将 GRC 山石元件组装、连接。GRC 山石元件在制作时,就在元件的背面预埋入铁件,其数量、规格根据元件的大小而决定。

（3）接缝处理

GRC 山石元件之间的接缝采用制作山石元件面层的同类材料进行嵌缝。用毛刷清洁接缝表面,涂刷溶剂两遍。为使 GRC 塑假山石的形状、纹理、石色、质感逼真,应在GRC 塑假山石完成后,在其表面喷涂一层石粉,使 GRC 塑假山石真正体现"虽为人作,宛自天开"的效果。

7. GRC 塑山的优点

（1）用 GRC 造假山石,石的造型、皱纹逼真,具有岩石坚硬润泽的质感。

（2）用 GRC 造假山石,材料自身重量轻,强度高,抗老化且耐水湿,易进行工厂化生产,施工方法简便、快捷,造价低,可在室内外及屋顶花园等处广泛使用。

（3）GRC 假山造型设计、施工工艺较好,与植物、水景等配合,可使景观更富于变化和表现力。

（4）GRC 造假山可利用计算机进行辅助设计,结束了过去假山工程无法做到的石块定位设计的历史,使假山不仅在制作技术上,而且在设计手段上取得了新突破。

GRC 塑山的工艺流程由生产流程和安装流程组成。

二、FRP 塑山

FRP(Fiber Glass Reinforced Plastics)是玻璃纤维强化树脂的英文缩写,它是由不饱和聚酯树脂与玻璃纤维结合而成的一种重量轻、质地韧的复合材料。不饱和聚酯树脂由不饱和二元羧酸与一定量的饱和二元羧酸、多元醇缩聚而成。在缩聚反应结束后,趁热加入一定量的乙烯基单体配成黏稠的液体树脂,俗称玻璃钢。FRP 工艺的优点在于成型速度快、质薄而轻、刚度好、耐用、价廉,方便运输,可直接在工地施工,适用于易地安装的假山工程。存在的主要问题包括:树脂液与玻璃纤维的配比不易控制,对操作者要求高;劳动条件差,因树脂溶剂为易燃品,制作过程中会有毒和气味;玻璃钢在室外强日照下,受紫外线的影响,易导致表面酥化,寿命为 20～30 年(图 5-6)。

图 5-6　FRP 塑山石(石块质量轻)

1. 玻璃钢工艺的优缺点

这种工艺的优点在于成型速度快,质薄而轻,便于长途运输,可直接在工地施工,拼装速度快,制品具有良好的整体性。存在的主要问题包括:树脂液与玻璃纤维的配比不易控制,对操作者的要求高;劳动条件差,因树脂溶剂为易燃品,制作过程中会有毒和气味;玻璃钢在室外的强光照下,受紫外线的影响,易导致表面酥化。

2. 玻璃钢及其配方

FRP 是由不饱和聚酯树脂与玻璃纤维结合而成的一种质量轻、质地韧的复合材料。不饱和聚酯树脂由不饱和二元羧酸与一定量的饱和二元羧酸、多元醇缩聚而成。在缩聚反应结束后,趁热加入一定量的乙烯基单体配成黏稠的液体树脂。

树脂与苯乙烯混合时不发生反应,只有加入引发剂后产生游离基才能激发交联固化,其中环烷酸钴溶液是促进引发剂的激发作用,达到快速固化的目的。

3. 玻璃钢成型喷射法工艺

利用压缩空气将树脂胶液、固化剂(交联剂、引发剂、促进剂)、短切玻璃纤维同时喷射沉积于模具表面,固化成型。通常空压机压力为 $200\sim400$ kPa,每喷一层用辊筒压实,排除其中气泡,使玻璃纤维渗透胶液,反复喷射直至 $2\sim4$ mm 厚度。并在适当位置做预埋铁,以备组装时固定。最后再敷一层胶底,可根据需要调配着色。喷射时使用的是一种特制的喷枪,在喷枪头上有三个喷嘴,可同时分别喷出树脂液加促进剂;短切喷射 $20\sim60$ mm 的玻纤树脂液加固剂,其施工程序如下:

泥模制作—翻制石膏—玻璃钢制作—基础和钢框架制作安装—玻璃钢预制件拼装—修补打磨、刷涂料—成品。

(1)泥模制作:按设计要求足样制作泥模,应放在定比例(多用 $1:15\sim1:20$)的小样基础上制作。泥模制作应在临时搭设的大棚(规格可采用 50 m×20 m×10 m)内进行。制作时要避免泥模脱落或冻裂。因此,温度过低时要注意保温,并在泥模上加盖塑料薄膜。

(2)翻制石膏:采用分割翻制,主要是考虑翻模和今后运输的方便。分块的大小和数量根据塑山的体量来确定,其大小以人工能搬动为好。每块要按定的顺序标注记号。

(3)玻璃钢制作:玻璃钢原料采用 191 号不饱和聚酯及固化体系,一层纤维表面黏合 5 层玻璃布,以聚乙烯醇水溶液为脱模剂。要求玻璃钢表面硬度大于 34,厚度 4 cm,并在玻璃钢背面黏配 8 mm 的钢筋。制作时注意预埋铁件,以便供安装固定之用。

(4)基础和钢框架制作安装:基础用钢筋混凝土,基础厚大于 80 cm,双层双向 18 mm 配筋,C20 预拌混凝土。框架柱梁可用槽钢焊接,柱距 1 m×(1.5~2.0)m。必须确保整个框架的刚度与稳定。框架和基础用高强度螺栓固定。

(5)玻璃钢预制件拼装:根据预制件大小及塑山高度,先绘出分层安装剖面图和立面分块图,要求每升高 $1\sim2$ m 就要绘一幅分层水平剖面图,并标注每一块预制件四个角的坐标位置与编号,对变化特殊之处要增加控制点。然后按顺序由下往上逐层拼装,做好临时固定。全部拼装完毕后,由钢框架深处的角钢悬挑固定。

(6)修补打磨、刷涂料:拼装完毕后,接缝处用同类玻璃钢补缝、修饰、打磨,使之浑然一体。最后用水清洗,罩以土黄色玻璃钢涂料即成。

三、CFRC 塑石

CFRC(Carbon Fiber Reinforced Concrete)是碳纤维增强混凝土的英文缩写。20 世纪 70 年代,英国首先制作了聚丙烯腈基(PAN)碳素纤维增强水泥基材料的板材,并应用于建筑,开创了 CFRC 研究和应用的先例。

CFRC 人工塑石是将碳纤维搅拌在水泥中而制成。它与 GRC 人工塑石相比,具有抗高温、抗盐蚀、抗水性和抗光照等优点,适合于河流、港湾等各种自然的护岸、护坡,也适用于园林假山、彩色路石、浮雕等各种景观的创造。其长期强度保持力高,是耐久性优异的水泥基材料。由于其具有的电磁屏蔽功能和可塑性,可用于隐蔽工程等。

第六章　山石工程教学案例

第一节　山石工程项目化教学

整体教学设计

（20　～20　学年第　学期）

课程名称：__山石工程__
所属院部：__建筑设计与装饰学院__
制定人：__邢洪涛__
合作人：__吴小青、黄金凤、丁岚__
制定时间：_____

江苏建筑职业技术学院

课程整体教学设计

一、课程基本信息

课程名称:山石工程		
课程代码:05102506	学分:3	学时:44
授课时间:第4学期	授课对象:园林工程专业	
课程类型:园林工程技术专业职业能力必修课,专业主干课		
先修课程:设计基础、土方工程、水景工程、园林规划设计1	后续课程:铺装工程、植物造景、给排水工程、园林规划设计2、园林施工组织与管理、工程计量与计价	

二、课程定位

1. 岗位分析

本专业面向的就业岗位：

名　　称	岗　　位
初始就业	1. 现场施工员为主
	2. 以施工现场园林设计员、质量员、放线员、资料员、造价员为就业岗位群
二次晋升	监理工程师、园林工程招投标与造价员、园林施工技术与管理员
未来发展	项目负责人、景观设计师、总工程师

指出本课程面向的主要岗位,画出其典型工作流程图。

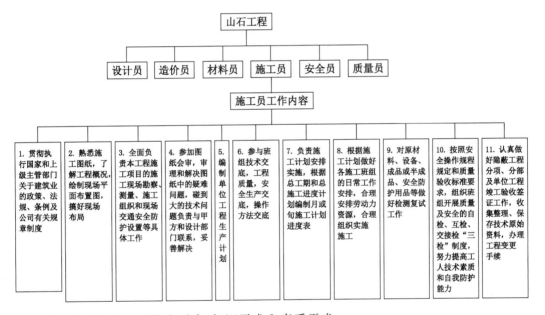

写出该岗位的主要能力需求、知识需求和素质需求。

名　　称	内　　容
能力需求	能够读懂山石工程施工图图纸并熟悉基本施工操作流程;能够按照施工程序的要求,独立、规范地进行指导、监管施工操作;能够和工人、同事和睦共处,合作完成综合技能操作;能够主动地发现施工对象存在的问题,并运用所学知识提出合理、可行、有效的解决方案,并运用相应技能实施该方案,解决问题;能够根据施工图设计图纸和施工过程,整理施工资料文件
知识需求	知道中外园林假山的发展历程;了解山石材料的类型;理解山石结体的基本组合形式;掌握假山施工的技术;掌握置石施工的技术;熟悉现代石景塑石施工技术
素质需求	吃苦耐劳的工作态度;严谨的工作作风;正确并严格遵守行业规范,培养自我管理及管理他人的能力;具有爱岗敬业、尊重他人的精神;较强的团队协作精神;自我学习的能力;团队协作能力

2. 课程分析

标出本课程在课程体系中的位置。

名　称	课　程
先修课程	设计基础、园林制图、园林建筑材料与构造、测量、施工图绘制、土方工程、水景工程、园林规划设计1
后续课程	园林规划设计2、铺装工程、给排水工程、工程计量与计价、园林工程施工项目管理、招投标与合同管理、植物栽培与养护、园林建筑设计

说明本课程与普通高校、中职(高职)、培训班相关课程的异同。

类别／异同	普通高校	中职	培训班	高职
共同点	培养学生的山石布置设计能力,使其掌握山石施工流程			
不同点	强调山石造型设计及理念,以培养工程师为主	面向一线操作的技术技能型岗位,侧重培养懂得施工流程	强调上岗能力和操作熟练度,面向一线具体操作和技能	培养一线施工员、操作工助理工程师,假山设计与施工能力并重

三、课程目标设计

总体目标:

能着重提高图纸理解能力、施工过程掌控能力、技术资料管理能力等职业能力,掌握和承担山石工程施工总体操作过程。培养学生的审图能力和设计制作能力,能按规范要求进行假山工程施工。

能力目标:

1. 能够读懂山石工程施工图图纸并熟悉基本施工操作流程。

2. 能够主动地发现施工对象存在的问题,并运用所学知识提出合理、可行、有效的解决方案,并运用相应技能实施该方案,解决问题。

3. 能够根据施工图设计图纸和施工过程,整理施工资料文件。

4. 能作为助理工程师,协助工程师进行设计工作。

5. 能够识别不同地域的假山石特征,完成吊装、堆叠、砌筑操作技术。

6. 能够根据图纸要求塑造混凝土仿石假山工程。

知识目标:

1. 知道中外园林假山的发展历程。

2. 了解山石材料的类型。

3. 理解山石结体的基本组合形式。

4. 掌握假山施工的技术流程。

5. 掌握置石施工的技术流程。

6. 熟悉塑石施工的技术流程。

素质目标：

1. 施工过程中不能偷工减料、以次充好，更不能使用不合格的材料。

2. 能够按照施工程序的要求，独立、规范地进行指导、监管施工操作，能够和工人、同事和睦共处，合作完成综合技能操作。

3. 施工过程必须符合国标要求，正确并严格遵守行业规范。

4. 山石堆叠不但坚固耐久，还要造型美观，看着舒服。

5. 山石的固定要根据山石纹理和结构因势利导进行，注重局部与整体的关系。

6. 在拿到上级下达的设计任务时，要充分地与别人沟通、协商。

7. 面对枯燥、繁杂的假山施工时，要有吃苦耐劳的精神并保质保量完工。

四、课程内容设计

序号	模块名称	学时
1	项目一：别墅庭院传统假山工程施工	26
2	项目二：公园广场现代石景工程施工	18
合　计		44

五、能力训练项目设计

编号	能力训练项目名称	子项目编号、名称	能力目标	知识目标	训练方式、手段及步骤	可展示的结果
1	别墅庭院传统假山工程	1-1 方案设计	1-1-1 别墅山石方案设计	能根据具体环境正确选择假山石的造型及山石的材料，并能将山石与周边环境融合；能够掌握山石气势和结构设计	了解山石类型特征、产地和假山的发展历程；学会选用石材造型；熟悉传统置石的艺术手法；理解传统掇山艺术；理解假山的功能作用	1. 假山工程营造现状；2. 假山石景工程案例分析；3. 设计任务布置；4. 学生分别对别墅假山方案进行构图设计；5. 方案确定；6. 假山模型小样制作	方案设计草图、方案图、模型展示
			1-1-2 施工图绘制	掌握施工图绘制规范，能绘制假山石景施工图	掌握施工图绘制图规范；掌握山石施工图绘制方法；熟悉运用 CAD 制图软件	1. 假山施工图绘制；2. 施工图审核与调整；3. 师生共同审核图纸	假山施工图

编号	能力训练项目名称	子项目编号、名称		能力目标	知识目标	训练方式、手段及步骤	可展示的结果
1	别墅庭院传统假山工程	1-2 传统假山工程施工	1-2-1 施工部署	通过读懂施工图，理解设计意图，能够根据施工图设计图纸和施工过程，发现问题并提出改进意见	了解施工材料的准备工作，根据设计图纸设计意图选石；熟悉施工辅助材料和施工工具；懂得施工人员的配置协调，掌握工程量估算方法	1. 识别施工图； 2. 学生查资料学习案例； 3. 按照图纸要求画出详细假山石材料场地布置图	施工材料
			1-2-2 假山基础	熟悉假山施工的定点放线，能够按照设计图方格线放到场地；掌握浅基、深基、桩基施工方法	了解假山基础处理的几种方式；掌握方格网放大法；能对灰土基础、浆砌基础、混凝土基础施工方法有所掌握	1. 布置任务； 2. 学生查找相关资料，写出基础施工方案； 3. 对基础施工方案进行审评； 4. 总结打桩基灰土基础、浆砌基础、混凝土基础施工技术要点	基础施工方案
			1-2-3 假山山体制作	熟悉山体起始部分拉底的方式、起脚边线的做法、做脚施工法；能制定现场施工方案并指挥施工；能根据园林假山石景工程施工进行验收	掌握拉底方式和山脚线的处理方法；掌握假山垫底的山石层施工技术、起脚施工技术、做脚操作技法	1. 制定拉底、起脚、做脚施工计划； 2. 学中做，做中学，完成自己的任务； 3. 总结拉底施工的技术要点	山脚施工完成
				能根据园林假山工程施工及验收规范，熟悉假山施工的山体结构、山洞结构、山顶结构以及山体的堆叠手法	掌握堆叠手法，牢记十字口诀；理解十字口诀在施工造型中的含意	1. 安排合理的石料位置，确保其坚固耐久与完美； 2. 学中做，做中学，完成自己的任务； 3. 总结山体施工的技术要点和施工手法	山体施工完成
				能解决山石与山石之间的固定与衔接问题；熟悉山体的捆扎加固设施	掌握刹石技术；掌握山石支撑、铁活固定方法；掌握勾缝与胶结技术	1. 山石打刹； 2. 支撑绑扎； 3. 铁活固定； 4. 填肚； 5. 勾缝与胶结； 6. 总结固定施工的技术要点	建设完成的假山

编号	能力训练项目名称	子项目编号、名称		能力目标	知识目标	训练方式、手段及步骤	可展示的结果
2	公园广场现代石景工程	2-1方案设计	2-1-1公园广场现代石景工程方案设计	能根据具体环境正确选择假山所用材料并能将假山布局与周边环境相融合,能够掌握山石气势和结构设计	了解山石的类型特征、造型特点;熟悉传统置石的艺术手法;理解传统掇山艺术	1. 人工塑造假山工程案例分析; 2. 设计任务布置; 3. 学生分别对公园广场现代石景假山方案进行构图设计; 4. 方案确定; 5. 假山模型小样制作	方案设计草图、方案图、模型展示
			2-1-2施工图绘制	掌握施工图绘制规范,能绘制钢筋混凝土结构假山石景施工图	掌握施工图绘制制图规范;掌握钢筋混凝土施工图绘制方法;熟悉掌握CAD制图软件及快捷键	1. 假山施工图绘制; 2. 施工图审核与调整; 3. 师生共同审核图纸	钢筋混凝土结构假山施工图
		2-2现代石景工程施工	2-2-1基架制作	能够读懂假石工程布置图纸;能够根据施工图设计图纸做出相应的地基,钢筋骨架布置能够适用山形凹凸变化	了解山体结构与施工;熟悉塑石施工技术;懂得钢筋混凝土塑山生产工艺流程	1. 观赏人工塑造山石案例并阅读图纸; 2. 准备钢丝网、木板、钳子、钢筋、水泥、仿石涂料等制作假山模型小样; 3. 教师演示示范、学生边学边做; 4. 打基础、立钢骨架	骨架制作
			2-2-2钢丝网铺设	能够选择易挂材料的钢丝网;能够发现问题并提出改进意见	熟悉木槌塑形方法;掌握抹面材料的使用;懂得分块钢架制作	1. 钢丝网铺设讲解示范; 2. 教师讲解钢丝网铺设、修剪、抹面技术; 3. 分小组,对钢丝网进行铺设; 4. 小组点评,教师点评	钢丝网铺设与抹面
			2-2-3面层修饰	能够熟练掌握挂水泥砂浆的方法;能熟练掌握混凝土抹面、皴纹、质感的处理	掌握钢丝网抹灰比例;掌握皴纹处理技法	1. 增加水泥砂浆纤维材料,确保其坚固耐久与完美; 2. 塑形; 3. 皴纹、质感表达; 4. 总结皴纹施工技术要点	拔挂水泥砂浆
				能进行色彩配制;能进行仿真颜色调和;熟练掌握喷洒手法	了解假山着色基本技术;掌握刷涂技术;熟悉塑山喷吹新工艺	1. 了解任务; 2. 查找资料,学习相关知识; 3. 提出解决方案; 4. 小组点评,教师点评	着色技术

六、项目情境设计

周数	1	2	3	4	5	6	7	8	9	10	11
课内项目	项目一:别墅庭院传统假山工程						项目二:公园广场现代石景工程				
内容	方案设计		传统假山工程施工				方案设计	现代石景工程施工			
知识点	假山方案设计、选用石材造型;传统掇山艺术;传统置石的艺术手法;施工图绘制		施工准备、根据设计图纸设计意图选石;施工辅助材料和施工工具;施工人员配置协调,工程量估算方法;方格网放大法施工放线;灰土基础、浆砌基础、混凝土基础施工方法;拉底方式和山脚线的处理方法;堆叠手法,牢记十字口诀;刹石技术;山石支撑、铁活固定方法;勾缝与胶结技术				了解山石的类型特征、造型特点;熟悉传统置石的艺术手法;理解传统掇山艺术;掌握钢筋混凝土施工图绘制方法	山体结构与施工;塑石施工技术;钢筋混凝土塑山生产工艺流程;木槌塑形方法;抹面材料的使用;分块钢架制作;钢丝网抹灰比例;皴纹处理技法;塑山着色基本技术;刷涂技术;塑山喷吹新工艺			
能力目标	能将山石合理布置,并与周边环境相融合;能够掌握山石气势和结构设计;能绘制假山施工图		通过读懂施工图,能够根据施工图,发现问题并提出改进意见;熟悉假山施工的定点放线;掌握浅基、深基、桩基施工方法;熟悉山体起始部分拉底的方式、起脚边线的做法、做脚施工法;熟悉山体的堆叠手法,能制定现场施工方案并指挥施工;能解决山石与山石之间的固定与衔接问题				能够掌握山石气势和结构设计;能绘制钢筋混凝土结构假山石景施工图	能够读懂假石工程布置图纸;能够根据施工图设计图纸做出相应的地基,钢筋骨架布置能够适用山形凹凸变化;能够选择易挂材料的钢丝网,能够发现问题并提出改进意见;能够熟练掌握挂水泥砂浆的方法;能熟练掌握混凝土抹面皴纹与质感的处理;能进行色彩配制;能进行仿真颜色调和;熟练掌握喷洒手法			
项目考核		☆		☆	☆	☆		☆	☆	☆	
课外项目		园林实训场小型假山模型制作									
进程			熟悉施工图纸	工程部署	进度表	选址、选石、施工放线、基础、拉底、起脚、做脚、山体施工、绑扎、勾缝					
项目考核											

周次	第1周	第2周	第3周	第4周	第5周	第6周	第7周	第8周	第9周	第10～11周
项目	项目一：别墅庭院传统假山工程						项目二：公园广场现代石景工程			
子项目	项目引入	方案设计（传统假山方案设计 / 施工图绘制）	施工部署	假山基础	山体制作	山体制作	方案设计（现代石景方案设计 / 施工图绘制）	基架制作	钢丝网铺设	面层修订
			传统假山工程施工				现代石景方案设计	现代石景工程施工		
情境设置	1. 商人陈桂林委托徐州森益园林公司对私人别墅庭院假山进行设计及施工（假山设计及施工）进行招标（正常）； 2. 技术员赵阳报到第二天，总监把项目交给赵阳（正常）	1. 陈总设想在保证别墅足够活动空间的基础上进行假山设计（正常）； 2. 各公司演示汇报确定自己的方案，以竞标（正常）； 3. 赵总出无分依靠原有水池设计（意外）； 4. 总监下达设计任务给赵阳（正常） 1. 总监检查各组进度及质量（正常）； 2. 陈总要求节省15%的成本（出错）； 3. 总监下达审图任务（正常）； 4. 提交施工图，发现断面主要表达不清楚（出错）	1. 工程开工，项目经理对技术员进行技术交底（正常）； 2. 在具备假山施工组成别墅铺装工程队负责完成（正常）； 3. 公司施工队完成别墅铺装工程（正常）； 4. 这天赵阳发现堆叠假山造型的工具数量不够，怎么办	1. 在施工场地，假山放样定点放线（正常）； 2. 赵阳根据图纸要求，在原地形上直接堆叠处理假山基础，但是发现土质松软，接下来应该如何处理（意外）	1. 项目经理下达地形整理，施工放线任务（正常）； 2. 赵阳处理好拉底之后，刚摆上一层山石起脚，邢工却说山脚线有些过于平直了，这样如何避免的情况如何处理（出错）； 3. 部分石料已到场，项目经理下达山体施工任务为主（正常）； 4. 经过一段时间的锻炼，邢工认为有了很大的施工能力，决定把复杂的堆叠过天赵给赵阳，如何合理安排假山造型，如何根据施工图纸山堆叠，表达设计意图	1. 由于在安装拼接过程中，出现局部石材和石材之间不稳定的现象，必须考虑重力作用为目的设计到达到设计效果，在施工过程中如何实现（意外）； 2. 施工员已经跟进项目到山石固定安装完成假山造型，认为可以收工了（出错）	1. 政府对公园广场改造（设计与工程进行招标）工程进行招标； 2. 公司招标投标（正常）； 3. 各公司演示确定已完成的方案，以竞标式确定方案（正常）； 4. 总监下达方案设计任务（正常） 1. 总监检查各组进度及质量（正常）； 2. 政府要求节省20%的成本，设计方案讨论修改（正常）； 3. 总监审图下达任务（正常）	1. 施工员一接触钢筋铁丝网结构，什么不懂，应该从哪入手呢（意外）； 2. 天气炎热，项目经理下达采取措施提高施工质量和进度任务（正常）	1. 经过一番努力，项目经理发现赵阳直接做做几何接弯形体，然后在其后挂钢丝网，导致网不稳定（出错），如何将其固定达到造型重现凹凸自然	1. 水泥砂浆抹面，干后有少部分裂缝（意外），还有什么更好的解决方案； 2. 面层披塑出来局部不能达到直石达到效果（正常） 1. 赵阳已经完成混凝土石材塑形，但是发现效果不明显，怎么办； 2. 项目经理对人工假石后期处理专定专门方案（正常）

（续表）

周次	第1周	第2周		第3周	第4周	第5周	第6周	第7周		第8周	第9周	第10~11周	
项目	项目一：别墅庭院传统假山工程							项目二：公园广场现代石景工程					
子项目	方案设计			传统假山工程施工				方案设计		现代石景工程施工			
具体任务	任务1	任务2	任务3	任务4	任务5	任务6	任务7	任务8	任务9	任务10	任务11	任务12	任务13
	熟悉招标项目，对存在的任何问题可以提问	设计方案；各组抽取1人组成专家组，为竞标项目打分	按要求调整方案并绘制施工图	山石备料，检查起重用具及安全性；种类数量	假山施工工程定位与放线；混凝土基础	施工放线；掌握堆叠手法，牢记十字口诀	山石的固定(绑扎、铁活固定、塞垫)；勾缝和胶结	方案设计：钢筋混凝土塑山方案绘制	按要求调整方案并绘制施工图	打基础；立钢骨架	钢基架分块；木槌钢丝网	加纤维性材料和M15水泥；打底；先水泥、砂子、灰搅拌均匀；破纹和质感处理	多次试调颜色并用非水溶性颜色喷涂
考核结果		方案图纸	施工图		假山施工技术方案调整	推叠技法和掇山艺术处理意境	山石的搭接绑扎技术	钢骨架方案图	施工图	基架设置	钢筋架和铺设网塑山效果	抹面材料的配置，表面破纹处理	着色效果

七、课程进程表

次数	周次	学时	单元标题	项目编号	能/知目标	师生活动(任务)	其他(含考核内容、方法)
1	1	4	项目一:别墅庭院传统假山工程 1. 传统假山方案设计	1-1	能将山石与周边环境合理布置;能够掌握山石气势和结构设计;了解山石的类型特征、产地和假山的发展历程;学会选用石材造型;熟悉传统置石的艺术手法;理解传统掇山艺术;理解假山的功能作用	设计方案;竞标项目	可通过方案合理性、图纸质量、参与程度,由学生和老师共同打分
2	2	4		1-2	掌握施工图绘制规范,能绘制假山石景施工图	按要求调整方案并绘制施工图	图纸规范性、绘图质量、山石选择合理
3	3	4		1-3	通过读懂施工图,理解设计意图,能够根据施工图设计图纸和施工过程,发现问题并提出改进意见;了解施工材料的准备工作,能够根据设计意图选石;熟悉施工辅助材料和施工工具;懂得施工人员配置协调,掌握工程量估算方法	施工部署	学生制作结束后应当分组讨论,在课堂上要阐述个人观点。可通过知识掌握程度、动手能力,由教师和班级同学共同打分
4	4	4	2. 传统假山工程施工	1-4	熟悉假山施工的定点放线,能够按照设计图方格线放到场地;掌握浅基、深基、桩基施工方法;了解假山基础处理的几种方式,掌握方格网放大法;能对灰土基础、浆砌基础、混凝土基础施工方法有所掌握	假山基础	知识掌握程度、参与任务情况
5	5	4		1-5	熟悉山体起始部分拉底的方式、起脚边线的做法、做脚施工法;掌握拉底方式和山脚线的处理方法;掌握假山垫底的山石层施工技术、起脚施工技术、做脚操作技法	山脚施工	知识掌握程度、动手能力
6	6	4		1-6	熟悉假山施工的山体结构、山洞结构、山顶结构以及山体的堆叠手法;掌握堆叠手法,牢记十字口诀;理解十字口诀在施工造型中的含义;能解决山石与山石之间的固定与衔接问题;熟悉山体的捆扎加固设施;掌握勾缝与胶结技术	山体制作	知识掌握程度、任务完成情况

（续表）

次数	周次	学时	单元标题	项目编号	能/知目标	师生活动(任务)	其他(含考核内容、方法)
7	7	4	项目二：公园广场现代石景工程 1. 现代石景方案设计	2-1	能将山石与周边环境合理布置；能够掌握山石气势和结构设计；掌握施工图绘制规范，能绘制假山石景施工图	钢筋混凝土塑山方案图绘制	可通过方案合理性、图纸质量、参与程度，由学生和老师共同打分
8	8	4		2-2	能够读懂假石工程布置图纸；能够根据施工图设计图纸做出相应的地基，钢筋骨架布置能够适用山形的凹凸变化；了解山体结构与施工；熟悉塑石施工技术；懂得钢筋混凝土塑山生产工艺流程	基架设置	学生制作结束后应当分组讨论，在课堂上要阐述个人观点
9	9	4	2. 现代石景工程施工				
10	10	4		2-3	能够选择易挂材料的钢丝网，能够发现问题并提出改进意见；熟悉木槌塑形方法；掌握抹面材料的使用；懂得分块钢架制作	钢丝网铺设	知识掌握程度和工作能力
11	11	4		2-4	能够熟练掌握挂水泥砂浆的方法，能熟练掌握混凝土抹面皴纹与质感的处理；掌握钢丝网抹灰比例；掌握皴纹处理技法；能进行色彩配制；能进行仿真颜色调和；熟练掌握喷洒手法；了解假山着色基本技术；掌握刷涂技术；熟悉塑山喷吹新工艺	面层修饰	知识掌握程度、任务完成情况

八、第一次课设计

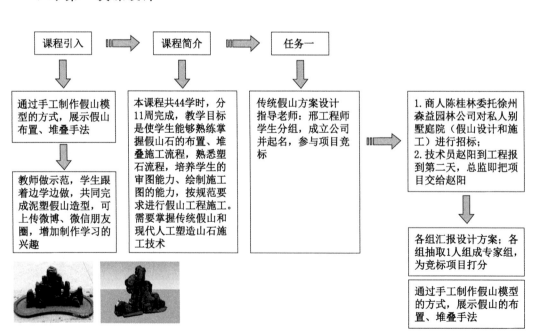

课程引入 ➡ 课程简介 ➡ 任务一

通过手工制作假山模型的方式，展示假山布置、堆叠手法

⬇

教师做示范，学生跟着边学边做，共同完成泥塑假山造型，可上传微博、微信朋友圈，增加制作学习的兴趣

本课程共44学时，分11周完成，教学目标是使学生能够熟练掌握假山石的布置、堆叠施工流程，熟悉塑石流程，培养学生的审图能力，绘制施工图的能力，按规范要求进行假山工程施工。需要掌握传统假山和现代人工塑造山石施工技术

传统假山方案设计指导老师：邢工程师学生分组，成立公司并起名，参与项目竞标

➡

1. 商人陈桂林委托徐州森益园林公司对私人别墅庭院（假山设计和施工）进行招标；
2. 技术员赵阳到工程报到第二天，总监即把项目交给赵阳

⬇

各组汇报设计方案；各组抽取1人组成专家组，为竞标项目打分

⬇

通过手工制作假山模型的方式，展示假山的布置、堆叠手法

九、最后一次课设计

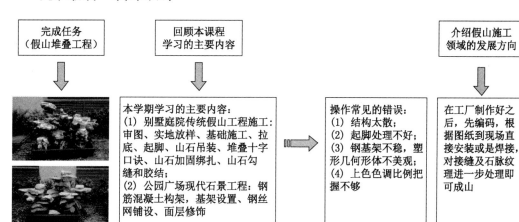

| 完成任务
（假山堆叠工程） | 回顾本课程
学习的主要内容 | | 介绍假山施工
领域的发展方向 |

本学期学习的主要内容：
（1）别墅庭院传统假山工程施工：审图、实地放样、基础施工、拉底、起脚、山石吊装、堆叠十字口诀、山石加固绑扎、山石勾缝和胶结；
（2）公园广场现代石景工程：钢筋混凝土构架、基架设置、钢丝网铺设、面层修饰

操作常见的错误：
（1）结构太散；
（2）起脚处理不好；
（3）钢基架不稳，塑形几何形体不美观；
（4）上色色调比例把握不够

在工厂制作好之后，先编码，根据图纸到现场直接安装或是焊接，对接缝及山脉纹理进一步处理即可成山

十、考核方案

考核类别		考核方法	比例
过程考核	专业知识	考勤 课堂提问 职业素质	20％
	项目实践能力	现场制作 操作熟练度 自我点评 教师点评	30％
结果考核	综合实践	施工准备过程 材料准备 实践成果 施工结束后的现场整理 课外实践 教师点评 学生互评	50％
合计			100％

十一、教学材料

1. 教材及参考资料

（1）赵兵.园林工程学[M].南京:东南大学出版社,2003.

（2）郭爱云.园林工程施工技术[M].武汉:华中科技大学出版社,2012.

（3）陈远吉,李娜.园林工程施工技术[M].北京:化学工业出版社,2012.

（4）吴戈军,田建林.园林工程施工[M].北京:中国建材工业出版社,2009.

（5）周代红.景观工程施工详图绘制与实例精选[M].北京:中国建筑工业出版社,2009.

2. 所需仪器及设备

水准仪、标杆、钢丝网、钢筋、钳子、铁丝、木板、各类假山石材、水泥、仿石涂料、铲子、线等。

十二、需要说明的其他问题

授课教师应有一定园林景观工程设计经验,具有较系统的园林专业理论知识,了解园林景观施工方法和施工技术,关注园林景观行业动向和发展趋势,有较强的施工组织和语言表达能力。注重学情分析,能根据不同学生特点,帮助学生设置学习目标。

十三、本课程常用术语中英文对照

园林工程:landscape engineering;假山:rockery;布置:decorate;设计:design;传统:traditional;现代:modern;堆叠:stack;塑造:shape;山石工程:rock engineering;结构:structure;别墅:cottage;公园:public garden。

附:课程整体设计体会

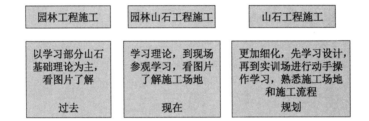

通过项目化情景教学,能够让学生身临其境感受施工流程与施工工艺,包括其中的局部设计、文件资料整理等。

园林工程技术专业山石工程课 第一单元
课程单元教学设计

（20 ～20 学年第 学期）

单元名称：<u>传统假山方案设计</u>
所属院部：<u>建筑设计与装饰学院</u>
制 定 人：<u>邢洪涛</u>
合 作 人：<u>吴小青、黄金凤、丁岚</u>
制定时间：<u> </u>

江苏建筑职业技术学院

山石工程课程单元教学设计

单元标题：传统假山方案设计				单元教学学时	8
				在整体设计中的位置	第1～2次
授课班级		上课时间	第　周第　节 至第　周第　节	上课地点	多媒体教室和园林实训场

教学目标	能力目标	知识目标	素质目标
	能根据具体环境正确选择假山石的造型及山石的材料，并能将山石合理布置； 能够掌握山石气势和结构设计	了解山石的类型特征、产地和假山的发展历程；学会选用石材造型；熟悉传统置石的艺术手法；理解传统掇山艺术；理解假山的功能作用	知识迁移能力：能将理论用于实际，处理实际中各种情况；吃苦耐劳、勇于实践：不怕苦、不怕累，积极认真完成自己的本职工作

能力训练任务	任务1：熟悉招标项目，对不清楚的问题进行汇总 任务2：对别墅庭院传统假山设计方案图、设计方案进行修改 任务3：调整设计方案；绘制施工图

本次课使用的外语单词	假山：rockery；堆叠：stack；结构：structure；园林：garden and park

案例和教学材料	别墅庭院原地形图纸一套、设计任务书一份、工作任务单 讲义：山石工程施工 案例1——别墅庭院传统假山工程施工 **参考资料** 郭爱云.园林工程施工技术[M].武汉：华中科技大学出版社，2012. 陈远吉，李娜.园林工程施工技术[M].北京：化学工业出版社，2012. 吴戈军，田建林.园林工程施工[M].北京：中国建材工业出版社，2009. 周代红.景观工程施工详图绘制与实例精选[M].北京：中国建筑工业出版社，2009. **仪器、设备** 多媒体设备、设计绘图设备及图纸、丁字尺、墨线笔、彩铅等绘图工具

单元教学进度

步骤	教学内容及能力/知识目标	教师活动	学生活动	时间（min）
1	项目引入	介绍项目原始概况及设计意图，提供原始图纸，下达本次设计任务	分组领取任务单，了解任务、熟悉图纸，并对不清楚的问题进行整理	40
		教师扮演甲方，对存在问题统一解答	学生查找资料，为方案设计做准备	

（续表）

步骤	教学内容及能力/知识目标	教师活动	学生活动	时间（min）
2	方案设计	教师扮演总监,下达设计任务,制定设计任务的时间节点,提出图纸质量要求	每组为一个设计团队,分工进行方案设计,出设计方案图	100
		教师作为甲方代表参加方案竞标打分	各组抽取1人组成专家组,以竞标形式确定方案	120
		甲方提出增加人工湖,充分利用原来排水沟进行改造,总监下达设计任务	各团队修改设计方案	
3	施工图绘制	教师作为总监检查各组进度及质量	各团队绘制施工图	50
		甲方要求节省20%的成本,总监下达调整方案任务	设计组讨论修改方案并绘制施工图	
		总监下达审图任务	完成图纸并审图	40
作业	完成课外园林实训场小型假山模型设计交底任务			
课后体会				

园林工程技术专业山石工程课　第二单元
课程单元教学设计

（20　～20　学年第　学期）

单元名称：**传统假山工程施工**

所属院部：**建筑设计与装饰学院**

制 定 人：**邢洪涛**

合 作 人：**丁岚、黄金凤、吴小青**

制定时间：

江苏建筑职业技术学院

山石工程课程单元教学设计

单元标题：传统假山工程施工			单元教学学时	16
			在整体设计中的位置	第3~6次
授课班级		上课时间	第　周第　节至第　周第　节	上课地点	多媒体教室和园林实训场

教学目标	能力目标	知识目标	素质目标
	通过读懂施工图，理解设计意图，能够根据施工图设计图纸和施工过程（定点放线、基础施工、山体施工），能根据园林假山石景工程施工及验收；能够发现问题并提出改进意见	熟悉施工准备工作；掌握方格网放大法、基础施工方法、山体堆叠手法、铁活固定方法、勾缝与胶结技术	知识迁移能力（能将理论用于实际，处理实际中各种情况）；自主学习（遇到不会、不懂的问题，虚心请教，自己钻研）；团队合作（相互沟通）

能力训练任务	任务1：施工准备与部署 任务2：假山工程定位与放样 任务3：基础施工 任务4：假山山脚施工 任务5：山石的堆叠 任务6：山石的固定 任务7：山石勾缝和胶结

本次课使用的外语单词	假山：rockery；堆叠：stack；结构：structure

案例和教学材料	各组绘制施工图一套、设计任务书一份、工作任务单、国家现行规范及标准 讲义：山石工程施工 案例1——别墅庭院山石工程（摘自徐州汉泉山庄） 案例2——假山堆叠与固定（视频、图片） **参考资料** 郭爱云.园林工程施工技术[M].武汉：华中科技大学出版社，2012. 陈远吉，李娜.园林工程施工技术[M].北京：化学工业出版社，2012. 吴戈军，田建林.园林工程施工[M].北京：中国建材工业出版社，2009. 周代红.景观工程施工详图绘制与实例精选[M].北京：中国建筑工业出版社，2009. **仪器、设备** 假山石材、水泥、仿石涂料、铲子、绳索、榔头、杠棒、机动车、吊车、起重架等

单元教学进度

步骤	教学内容 及能力/知识目标	教师活动	学生活动	时间 （min）
1	施工部署	教师扮演项目经理,组织人员进行项目技术交底	各组为一个施工队,技术交底时进行学习记录	160
		巡查施工场地	组织人员进行场地整理,指挥机械进入场地,部署施工场地	
2	假山基础	项目经理派赵阳前去定点放线;审核放线桩基点	赵阳带人员制定网格放线方案,并报项目经理审批;通过后按方案进行放线、打桩	160
		各施工队根据场地选择适合的假山基础处理方式,项目经理监督施工现场	学生思考选取一种基础样式	
		提出桩基施工方案	制定桩基方案,采用合理的基础施工进行基础制作;浇筑基础	
3	山脚施工	石料到达到场,项目经理下达拉底任务	完成拉底工程	160
		下达起脚任务和做脚任务并巡视现场	对起脚线进行处理,做脚操作合理并摆放石材造型	
		巡视现场,对出现的违规现象加以制止并要求整改	对出现的问题及时改正并继续施工	
4	假山山体制作	项目经理下达山体施工命令并监督	山石堆叠、固定、衔接、远观;山石绑扎、勾缝、胶结	160
		巡视现场,对出现的违规现象加以制止并要求整改	对出现的问题及时改正并继续施工	
作业	完成课外园林实训场小型假山模型设计交底任务			
课后体会				

园林工程技术专业山石工程课　第三单元
课程单元教学设计

（20　～20　学年第　学期）

单元名称：　现代石景方案设计

所属院部：　建筑设计与装饰学院

制 定 人：　邢洪涛

合 作 人：　吴小青、黄金凤、丁岚

制定时间：

江苏建筑职业技术学院

山石工程课程单元教学设计

单元标题：现代石景方案设计	单元教学学时	4
	在整体设计中的位置	第7次

授课班级		上课时间	第　周第　节至第　周第　节	上课地点	多媒体教室和园林实训场

教学目标		能力目标	知识目标	素质目标
		能根据具体环境正确选择假山所需材料类型，并能将假山合理布置；能够掌握山石气势和结构设计；掌握施工图绘制规范，能绘制钢筋混凝土结构假山石景施工图	了解山石的类型特征、造型特点；熟悉传统置石的艺术手法；理解传统掇山艺术；掌握钢筋混凝土施工图绘制方法；熟悉掌握CAD制图软件及快捷键	知识迁移能力（能将理论用于实际，处理实际中各种情况）；吃苦耐劳、勇于实践（不怕苦、不怕累，积极认真完成自己的本职工作）；自主学习（遇到不会、不懂的，虚心请教）
能力训练任务		任务1：根据项目要求，对不清楚的问题进行汇总 任务2：对公园广场现代石景进行方案设计、方案修改 任务3：调整设计方案、绘制施工图		
本次课使用的外语单词		假山：rockery；堆叠：stack；结构：structure；园林：garden and park 广场：square；传统：traditional		
案例和教学材料		公园原地形图纸一套、设计任务书一份、工作任务单 讲义：山石工程施工 案例1——公园广场现代石景假山工程施工 **参考资料** 郭爱云.园林工程施工技术[M].武汉：华中科技大学出版社，2012. 陈远吉，李娜.园林工程施工技术[M].北京：化学工业出版社，2012. 吴戈军，田建林.园林工程施工[M].北京：中国建材工业出版社，2009. 周代红.景观工程施工详图绘制与实例精选[M].北京：中国建筑工业出版社，2009. **仪器、设备** 多媒体设备、设计绘图设备及图纸、丁字尺、墨线笔、彩铅等绘图工具		

单元教学进度

步骤	教学内容及能力/知识目标	教师活动	学生活动	时间（min）
1	项目引入	介绍项目原始概况及设计意图，提供原始图纸，下达本次设计任务	分组领取任务单，了解任务，熟悉图纸，并对不清楚的问题进行整理	20
		教师扮演甲方，对存在的问题统一解答	学生查找资料，为方案设计做准备	

（续表）

步骤	教学内容及能力/知识目标	教师活动	学生活动	时间（min）
2	方案设计	教师扮演总监，下达设计任务，制定设计任务的时间节点，提出图纸质量要求	每组为一个设计团队，分工进行方案设计，出设计方案图	40
		教师作为甲方代表参加方案竞标打分	各组抽取1人组成专家组，以竞标形式确定方案	
		甲方提出增加人工湖，充分利用原来排水沟进行改造，总监下达设计任务	各团队修改设计方案	40
3	施工图绘制	教师作为总监检查各组进度及质量	各团队绘制施工图	40
		甲方要求节省20%的成本，总监下达调整方案任务	设计组讨论修改方案并绘制施工图	
		总监下达审图任务	完成图纸并审图	20
作业	完成课外园林实训场小型假山模型设计交底任务			
课后体会				

园林工程技术专业山石工程课　第四单元
课程单元教学设计

（20　～20　学年第　学期）

单元名称：<u>现代石景工程施工</u>
所属院部：<u>建筑设计与装饰学院</u>
制 定 人：<u>邢洪涛</u>
合 作 人：<u>丁岚、黄金凤、吴小青</u>
制定时间：<u>　　　　　　</u>

江苏建筑职业技术学院

山石工程课程单元教学设计

单元标题： 现代假山工程施工			单元教学学时	16
			在整体设计中的位置	第8~11次

授课班级		上课时间	第 周第 节 至第 周第 节	上课地点	多媒体教室和园林实训场

教学目标	能力目标		知识目标	素质目标
	通过读懂施工图，理解设计意图，能够根据施工图设计图纸和施工过程（基架设置、钢丝网铺设、面层修饰），能根据园林假山石景工程施工及验收；能够发现问题并提出改进意见		熟悉并懂得钢筋混凝土塑山生产工艺流程；熟悉木槌塑形方法；掌握抹面材料的使用；懂得分块钢架制作；掌握钢丝网抹灰比例；掌握皱纹处理技法；了解假山着色基本技术	知识迁移能力（能将理论用于实际，处理实际中各种情况）；自主学习（遇到不会、不懂的问题，虚心请教、自己钻研）；团队合作（相互沟通）

能力训练任务	任务1：施工准备与部署 任务2：假山工程定位与放样 任务3：基础施工 任务4：假山钢丝网铺设 任务5：面层修饰 任务6：着色

本次课使用的外语单词	假山：rockery；堆叠：stack；结构：structure

案例和教学材料	各组绘制施工图一套、设计任务书一份、工作任务单、国家现行规范及标准 讲义：山石工程施工 案例1——公园广场现代石景工程施工（摘自徐州云龙湖广场） 案例2——假山钢架结构与固定（视频、图片） **参考资料** 郭爱云.园林工程施工技术[M].武汉：华中科技大学出版社，2012. 陈远吉，李娜.园林工程施工技术[M].北京：化学工业出版社，2012. 吴戈军，田建林.园林工程施工[M].北京：中国建材工业出版社，2009. 周代红.景观工程施工详图绘制与实例精选[M].北京：中国建筑工业出版社，2009. **仪器、设备** 假山石材、水泥、仿石涂料、铲子、绳索、榔头、杠棒、机动车、吊车、起重架等

单元教学进度

步骤	教学内容及能力/知识目标	教师活动	学生活动	时间（min）
1	施工部署	教师扮演项目经理,组织人员进行项目技术交底	各组为一个施工队,技术交底时进行学习记录	
		巡查施工场地	组织人员进行场地整理,指挥机械进入场地,部署施工场地	
2	基架制作	项目经理派赵阳前去定点放线;审核放线桩基点	赵阳带人员制定网格放线方案,并报项目经理审批;通过后按方案进行放线、打桩	160
		各施工队根据场地选择适合的假山基架处理方式,项目经理监督施工现场	学生思考选取一种基架	
3	钢丝网铺设	提出钢基架施工方案	制定铺设方案,采用合理的钢基架制作;考虑分块钢架制作	160
		铺设网到达现场,项目经理下达铺设任务	完成铺设工程	
		下达成型任务并巡视现场	对多变的几个形体进行处理,钢丝网塑形操作合理并敲击造型	
4	面层修饰	巡视现场,对出现的违规现象加以制止并要求整改	对出现的问题及时改正并继续施工	160
		项目经理下达山体披挂水泥命令并监督	面层的水泥砂浆抹面、石脉纹理、皱纹制作、着色	
		巡视现场,对出现的违规现象加以制止并要求整改	对出现的问题及时改正并继续施工	
作业	完成课外园林实训场小型假山模型设计交底任务			
课后体会				

山石工程项目标价标准

公司用表：山石工程项目考核评分表 1

山石项目名称					
评价指标				分值	评分
内容	1	假山造型、功能、创新性、美观性；山石材料的选择		20	
	2	假山的平面布置，与周边环境的协调关系		10	
	3	山体局部处理手法，掇山处理方法（十字诀）		10	
	4	拉底、起脚、做脚处理手法		10	
	5	陈述思路清晰，层次分明，有逻辑性		10	
回答问题	1	回答正确性，未出现原则性、基本概念方面的错误		10	
	2	能正确领悟提问，主要问题回答深入，或有独特的见解		10	
	3	语言表达、逻辑思维清晰，对个别问题经提示后能做补充		5	
	4	回答时仪态大方、举止得体		5	
语言表达	1	论述知识点准确		5	
	2	语速适中，语言流畅		5	
得分：					

公司名称：＿＿＿＿＿＿＿＿＿

评分人签名：＿＿＿＿＿＿＿＿＿

年　月　日

教师表用:项目实施过程跟踪记录表 2(传统假山工程)　　　　　　　　单位:

提纲	传统假山营造记录内容和要点(评分点)	(考察记录内容)备注
假山造型设计情况	1. 能否结合别墅庭院的场地面积、空间布局,达到业主要求的设计风格,理清思路; 2. 听取学生小组详细介绍假山设计方案的理念,后续可能会遇到的问题设想,理解假山营造的意义和景观意境,如何为业主更好地提供服务(提问); 3. 观察他们是否理解了传统置石的艺术手法,及时纠正和指导(提问); 4. 假山设计是否符合地域风格,假山在场地空间高度、假山气势和结构上是否具有科学性、针对性、可操作性;能否突出假山设计的个性和亮点	
选用石材造型	1. 假山石选用适合本地域的、业主喜欢的,与其他石材或是相类似的假山石做比较; 2. 考查学生对山石类型特征的掌握程度,假山石的产地和假山的发展历程(提问); 3. 选用石材造型能否满足设计需要。设想假山模型制作环境和实训室场景,如遇到问题如何解决	
山石营造方法及掇山艺术	1. 对假山营造方法和假山进行设计,能灵活组合运用多种恰当的艺术手法; 2. 小组成员团结合作,组长能否有效地调动团队的积极性参与学习和制作,激发同学的思维; 3. 假山营造设计效果能否融"学与做"为一体,如何将假山营造口诀运用到项目方案设计中(提问); 4. 能够具体说明假山营造山势与结构造型中使用的营造口诀,如:安、连、接、卧、悬、挑、剑、飘等; 5. 掇山艺术在本项目中的体现,学生理解掇山艺术概念的程度(提问)	
施工图绘制情况	1. 检查学生绘制的方案草图和施工图是否存在较大的差距; 2. 假山图纸绘制,包括假山平面图、立面图、剖面图、结构图,标注假山局部高度和整体高度是否合理; 3. 根据图纸分析学生是否掌握绘制规范,审核图纸内容,分析学生在绘制过程中掌握 CAD 软件的情况	
假山施工部署和基础施工方案	1. 了解施工材料的准备工作,图纸设计意图及选石情况; 2. 施工辅助材料和施工工具情况; 3. 施工人员配置协调关系情况,掌握工程量估算情况,能否按照图纸要求画出详细假山石材料场地布置图; 4. 在假山基础施工制作过程中,能否按照设计图方格线放到场地,掌握浅基、深基、桩基施工方法; 5. 分析学生对打桩基灰土基础、浆砌基础、混凝土基础施工技术要点的掌握情况,是否能够根据自身选材掌握一种基础制作方法和施工工艺流程(提问)	
假山山体制作	1. 山体起始部分拉底的方式、起脚边线的做法、做脚施工法是否正确,观察学生对假山施工的山体结构的掌握情况,对山洞结构、山顶结构、山体的堆叠手法的掌握程度进行分析(提问); 2. 安排的石料位置是否坚固耐久与完美,假山堆叠手法特别是假山营造的十字口诀在施工造型中的含义掌握; 3. 观察跟踪学生在制作过程中是如何解决山石与山石之间的固定与衔接,是否运用到教学时的绑扎加固方法与措施,如山石打刹、支撑绑扎、铁活固定、填肚、勾缝与胶结,总结固定施工技术要点	
特点与问题	每组学生总结建设完成的假山过程,说明特色和营造过程中遇到的问题	

教师用表:项目实施过程跟踪记录表3(现代石景工程)　　　　　单位:

提纲	现代假山营造记录内容和要点(评分点)	(考察记录内容)备注
假山造型设计情况	1. 能否结合公园广场的场地面积、空间布局,达到业主要求的设计风格,理清思路; 2. 听取学生小组详细介绍假山设计方案的理念,后续可能会遇到的问题设想,理解假山营造的意义和景观意境,如何为业主更好地提供服务(提问); 3. 观察他们是否理解了掇山艺术手法,及时纠正和指导(提问); 4. 假山是否符合地域风格,假山在场地空间高度、假山气势和结构上是否具有科学性、针对性、可操作性,能否突出假山设计的个性和亮点	
选用石材造型	1. 假山石选用适合本地域的、业主喜欢的,与其他石材或是相类似的假山石做比较; 2. 考查学生对山石类型特征的掌握程度,假山石的产地和假山的发展历程(提问); 3. 选用石材造型能否满足设计需要,设想假山模型制作环境和实训室场景,如遇到问题如何解决	
山石营造方法及掇山艺术	1. 对假山营造方法和假山进行设计,能灵活组合运用多种恰当的艺术手法; 2. 小组成员团结合作,组长能否有效地调动团队的积极性参与学习和制作,激发同学的思维; 3. 假山营造设计效果能否融"学与做"为一体,如何将假山营造口诀运用到项目方案设计中(提问); 4. 能够具体说明假山营造山势与结构造型中使用的营造口诀,如:安、连、接、卧、悬、挑、剑、飘等; 5. 掇山艺术在本项目中的体现,学生理解掇山艺术概念的程度(提问)	
施工图绘制情况	1. 检查学生绘制的方案草图和施工图是否存在较大的差距; 2. 假山图纸绘制包括假山平面图、立面图、剖面图、结构图,标注假山局部高度和整体高度是否合理; 3. 分析学生的图纸,了解其是否掌握绘制规范,检查学生绘制钢筋混凝土结构假山石景施工图的情况	
假山山体制作	1. 教师检查学生基架制作的工具准备情况,如钢丝网、木板、钳子、钢筋、水泥、仿石涂料等是否齐备; 2. 学生能否根据施工图设计图纸做出相应的地基,钢筋骨架布置能否适用山形的凹凸变化; 3. 观摩学生打基础、立钢骨架施工工艺流程情况; 4. 选择易挂材料的钢丝网绑扎技术,检查安全措施是否到位。懂得分块钢架制作,为后面的抹面做准备	模型小样制作
面层修饰与后期处理	1. 注意观察学生对钢丝网抹灰比例的把握情况,是否掌握挂水泥砂浆的方法,是否熟悉混凝土抹面皴纹与质感的处理技巧,在皴纹、质感表达上面是否细致、逼真; 2. 学生对假山着色基本技术的掌握程度,如仿真颜色调和效果、喷洒效果是否达到逼真等	
特点与问题	每组学生总结建设完成的假山过程,说明特色和营造过程中遇到的问题	

学生用表:项目实施过程跟踪记录表 4(传统假山工程)　　　　单位：

提纲	传统假山营造记录内容和要点(评分点)	(考察记录内容)备注
1. 假山造型设计情况		
2. 选用石材造型		
3. 山石营造方法及掇山艺术		
4. 施工图绘制情况		
5. 假山施工部署和基础施工方案		
6. 假山山体制作		
7. 特点与问题		

学生用表:项目实施过程跟踪记录表 5(现代石景工程)　　　　单位：

提纲	现代假山营造记录内容和要点(评分点)	(考察记录内容)备注
1. 假山造型设计情况		
2. 选用石材造型		
3. 山石营造方法及掇山艺术		
4. 施工图绘制情况		
5. 假山山体制作		
6. 面层修饰与后期处理		
7. 特点与问题		

传统假山工程:山石工程成绩评定表6

评分项	分值	优秀	良好	及格	不及格
设计方案汇报、介绍设计理念思路等,PPT展示	10分	能结合别墅庭院的场地面积、空间布局,达到业主要求的设计风格,理清思路;懂得假山营造的意义和景观意境;理解传统置石的艺术手法;通过假山设计,理解传统掇山艺术及假山的功能作用;设计上符合地域风格,假山在场地空间高度、假山气势和结构上具有科学性、针对性、可操作性;能突出假山设计的个性和亮点	能结合别墅庭院场地空间布局,达到业主要求的设计风格,理清思路;懂得假山营造的意义和景观意境;设计上符合地域风格,假山气势和结构上具有科学性、针对性、可操作性	能基本介绍假山别墅设计的想法,对假山的艺术手法能基本达到要求;能基本完成报告介绍,表达不太清晰,观点不太明确,重点不太突出	不能清楚介绍所完成的假山设计内容;不能完成报告介绍,表达不清晰,观点不明确,重点不突出
选用石材造型;山石的营造方法和掇山艺术	20分	选用的石材能够满足设计内容和业主要求;能够将假山营造口诀运用到方案项目设计中,掇山艺术的处理手法在假山造型中得到很好的体现	较好地按假山设计内容选择石材进行假山造型设计;按时完成选石材并懂得掇山艺术处理手法,原创性较好,有自己独立思考后得出的观点	基本完成假山石材选择;能基本独立完成假山营造,自己的观点含糊,有少量借鉴	没有完成假山选材,缺乏假山营造手法;不能按时、独立完成假山营造,设计造型抄袭
假山施工图绘制	20分	绘制的方案草图和施工图表达准确,包括假山平面、立面图、剖面图、结构图;标注假山局部高度和整体高度合理;学生掌握图纸绘制规范,绘制钢筋混凝土结构假山石景施工图正确无误,数据标注准确,质量较高	绘制的假山图纸比较完整,有平面图、立面图、剖面图。能较熟练地运用所学专业知识完成部分结构大样,绘制的钢筋混凝土结构数据较正确,质量较高	有少量假山图纸成果;能基本运用所学专业知识绘制假山图纸,图纸表达有待商榷,图纸规范性有待提高,质量一般	无假山图纸成果;不能运用所学专业知识完成假山图纸绘制,图纸表达混乱,图纸数据不正确,质量差
假山施工部署和基础施工方案	30分	施工辅助材料准备工作做得比较充分,材料准备齐全。山石材料进场布置能够按照图纸要求进行;基础放线准确,基础处理比较熟练,能够选择适合自己的项目的基础施工方式和工艺流程,安全系数高,为后续的堆叠山石工作做了充分的准备	施工准备工作做得较充分,基础放线基本适合山形变化;基础施工工艺流程掌握一般,假山石进场布置一般,为后续的堆叠山石工作做了较好的准备	施工准备不是很充分;山石进场布置有不合理部分,基础放线不熟练,基础施工不是特别好,安全系数一般	无基本施工准备工作;放线不能按照图纸进行,基础施工没有章法,不美观,安全系数低
假山山体制作	20分	能掌握拉底的方式、起脚边线的做法、做脚施工法,熟悉山石掇山艺术处理手法和堆叠石头口诀,对山体的结构掌握比较熟练,山石的堆叠绑扎固定和衔接技术掌握比较好,山石固定坚固、美观	能做山石的拉底,简单做山脚处理,堆叠艺术表达一般,加固与衔接处理一般	对假山堆叠处理效果不理想,衔接细节不够好,经提示后能做补充或进行纠正	没有运用十字诀营造假山效果,后期堆叠比较乱,经提示后仍不能改正有关问题

现代石景工程:山石工程成绩评定表 7

评分项	分值	优秀	良好	及格	不及格
设计方案汇报、介绍设计理念思路等,PPT 展示	10分	能结合公园广场的场地面积、空间布局,达到业主要求的设计风格,理清思路,懂得假山营造的意义和景观意境;理解掇山艺术手法;通过假山设计,理解传统掇山艺术及假山的功能作用;设计上符合地域风格,假山在场地空间高度和结构上具有科学性、针对性、可操作性;能突出假山设计的个性和亮点	能结合公园广场空间布局,达到业主要求的设计风格,理清思路;懂得假山营造的意义和景观意境;设计上符合地域风格,假山气势和结构上具有科学性、针对性、可操作性	能基本介绍假山公园广场设计的想法,对假山的艺术手法能基本达到要求;能基本完成报告介绍,表达不太清晰,观点不太明确,重点不太突出	不能清楚介绍所完成的假山设计内容;不能完成报告介绍,表达不清晰,观点不明确,重点不突出
选用石材造型;山石的营造方法和掇山艺术	20分	选用的石材能够满足设计内容和业主要求;能够将假山营造口诀运用到方案项目设计中,掇山艺术的处理手法在假山造型中得到很好的体现	较好地按假山设计内容选择石材进行假山造型设计;按时完成选石材并懂得掇山艺术处理手法,原创性较好,有自己独立思考后得出的观点	基本完成假山石材选择;能基本独立完成假山营造,自己的观点含糊,有少量借鉴	没有完成假山选材,缺乏假山营造手法;不能按时、独立完成假山营造,设计造型抄袭
假山施工图绘制	20分	绘制的方案草图和施工图表达准确,包括假山平面图、立面图、剖面图、结构图;标注假山局部高度和整体高度合理;学生掌握图纸绘制规范,绘制钢筋混凝土结构假山石景施工图正确无误,数据标注准确,质量较高	绘制的假山图纸比较完整,有平面图、立面图、剖面图;能较熟练地运用所学专业知识完成部分结构大样,绘制的钢筋混凝土结构数据较正确,质量较高	有少量假山图纸成果;能基本运用所学专业知识绘制假山图纸,图纸表达有待商榷,图纸规范性有待提高,质量一般	无假山图纸成果;不能运用所学专业知识完成假山图纸绘制,图纸表达混乱,图纸数据不正确,质量差
假山山体制作过程	30分	基架的准备工作做得比较充分,材料准备齐全;钢筋骨架布置能够适用山形凹凸变化;打基础和立钢骨架工艺流程掌握得比较熟练;钢丝网铺设熟练,分块铺设,美观,方便施工,安全系数高,为后续的抹面工作做了充分的准备	基架的准备工作做得较充分;钢筋骨架布置能够适用山形凹凸变化;打基础和立钢骨架工艺流程掌握一般;钢丝网铺设熟练程度一般,安全系数高,为后续的抹面工作做了较好的准备	基架准备得不是很充分;钢筋骨架结构有不合理部分,铺设铁丝网不熟练,绑扎效果不是特别好,安全系数一般	无基架准备工作;钢筋结构混乱,绑扎铁丝网没有章法,不美观,安全系数低
面层修饰和后期处理	20分	能掌握披挂水泥砂浆的方法,熟悉混凝土抹面的皴纹和质感的处理手法,细节逼真突出,仿石涂料颜色和效果逼真	能披挂水泥砂浆,简单处理皴纹效果,皴纹表达一般,仿石涂料处理一般	对假山皴纹的处理效果不理想,没有细节,经提示后能做补充或进行纠正	没有皴纹的处理效果,后期颜色比较乱,经提示后仍不能改正有关问题

传统假山工程:山石工程成绩评定表8(汇总)

姓名	设计方案汇报、介绍设计理念思路等,PPT展示（10%）	选用石材造型;山石的营造方法和掇山艺术（20%）	假山施工图绘制（20%）	假山施工部署和基础施工方案（30%）	假山山体制作（20%）	总评（100%）
姓名	设计方案汇报、介绍设计理念思路等,PPT展示（10%）	选用石材造型;山石的营造方法和掇山艺术（20%）	假山施工图绘制（20%）	假山施工部署和基础施工方案（30%）	假山山体制作（20%）	总评（100%）
姓名	设计方案汇报、介绍设计理念思路等,PPT展示（10%）	选用石材造型;山石的营造方法和掇山艺术（20%）	假山施工图绘制（20%）	假山施工部署和基础施工方案（30%）	面层修饰和后期处理（20%）	总评（100%）
姓名	设计方案汇报、介绍设计理念思路等,PPT展示（10%）	选用石材造型;山石的营造方法和掇山艺术（20%）	假山施工图绘制（20%）	假山施工部署和基础施工方案（30%）	假山山体制作（20%）	总评（100%）
姓名	设计方案汇报、介绍设计理念思路等,PPT展示（10%）	选用石材造型;山石的营造方法和掇山艺术（20%）	假山施工图绘制（20%）	假山施工部署和基础施工方案（30%）	面层修饰和后期处理（20%）	总评（100%）
姓名	设计方案汇报、介绍设计理念思路等,PPT展示（10%）	选用石材造型;山石的营造方法和掇山艺术（20%）	假山施工图绘制（20%）	假山山体制作;制作过程（30%）	假山山体制作（20%）	总评（100%）
姓名	设计方案汇报、介绍设计理念思路等,PPT展示（10%）	选用石材造型;山石的营造方法和掇山艺术（20%）	假山施工图绘制（20%）	假山施工部署和基础施工方案（30%）	假山山体制作（20%）	总评（100%）
姓名	设计方案汇报、介绍设计理念思路等,PPT展示（10%）	选用石材造型;山石的营造方法和掇山艺术（20%）	假山施工图绘制（20%）	假山施工部署和基础施工方案（30%）	假山山体制作（20%）	总评（100%）

现代石景工程:山石工程成绩评定表9(汇总)

姓名	设计方案汇报、介绍设计理念思路等,PPT展示(10%)	选用石材造型;山石的营造方法和掇山艺术(20%)	假山施工图绘制(20%)	假山山体制作过程(30%)	面层修饰和后期处理(20%)	总评(100%)
姓名	设计方案汇报、介绍设计理念思路等,PPT展示(10%)	选用石材造型;山石的营造方法和掇山艺术(20%)	假山施工图绘制(20%)	假山山体制作过程(30%)	面层修饰和后期处理(20%)	总评(100%)
姓名	设计方案汇报、介绍设计理念思路等,PPT展示(10%)	选用石材造型;山石的营造方法和掇山艺术(20%)	假山施工图绘制(20%)	假山山体制作过程(30%)	面层修饰和后期处理(20%)	总评(100%)
姓名	设计方案汇报、介绍设计理念思路等,PPT展示(10%)	选用石材造型;山石的营造方法和掇山艺术(20%)	假山施工图绘制(20%)	假山山体制作过程(30%)	面层修饰和后期处理(20%)	总评(100%)
姓名	设计方案汇报、介绍设计理念思路等,PPT展示(10%)	选用石材造型;山石的营造方法和掇山艺术(20%)	假山施工图绘制(20%)	假山山体制作过程(30%)	面层修饰和后期处理(20%)	总评(100%)
姓名	设计方案汇报、介绍设计理念思路等,PPT展示(10%)	选用石材造型;山石的营造方法和掇山艺术(20%)	假山施工图绘制(20%)	假山山体制作过程(30%)	面层修饰和后期处理(20%)	总评(100%)
姓名	设计方案汇报、介绍设计理念思路等,PPT展示(10%)	选用石材造型;山石的营造方法和掇山艺术(20%)	假山施工图绘制(20%)	假山山体制作过程(30%)	面层修饰和后期处理(20%)	总评(100%)
姓名	设计方案汇报、介绍设计理念思路等,PPT展示(10%)	选用石材造型;山石的营造方法和掇山艺术(20%)	假山施工图绘制(20%)	假山山体制作过程(30%)	面层修饰和后期处理(20%)	总评(100%)

第二节 基于德国双元制的山石工程教学模式

一、山石工程课程定位

山石工程原属于园林工程施工课程的一部分,经过项目化课程改革之后,现为园林工程技术专业主干课之一,是园林专业毕业生从事园林山石设计、山石假山施工、山石绿化等岗位必须学习的技能课程。通过该课程的学习,学生能够掌握山石景观基础知识,如自然山石景观、假山功能作用、假山造型设计与识图等;掌握置石技艺,如山石材料、置石技法、山石综合布置、掇山艺术;掌握传统堆砌假山技术,如假山山体基本形式、堆砌分层假山施工技术、山体的堆叠手法等;掌握现代塑石假山技术,如钢骨架塑山、GRC 塑石假山、砖骨架塑石假山;掌握山石绿化景观,如攀缘植物造景、坡面、台地绿化景观营造、立体绿化景观等。

二、基于德国双元制教学模式设计

借鉴德国双元制教学模式,采用培养职业行动能力为核心的学习领域课程教学模式。

1. 创造有利于教学的条件

1) 学习

为了达到独立的职业行为能力,三个学习范围都必须得到响应和推动,分别是:第一,保持清晰、精神的头脑,为集中获得知识做准备;第二,有较强的动手能力,为获取技能做准备;第三,有健康的身体,为获取良好的观念和相应规范做准备。学习和认知的渠道分别是:视觉、听觉、触觉,做到眼看、耳听、动手练习。

2) 为教学准备学习材料

(1) 可理解性原则:从已知到未知、从易到难、从简单到复杂、从具体到抽象、从一般到特殊;

(2) 清晰性原则:明确制定的学习目标,即将来是做什么的;

(3) 面向实际原则:高实用性,应用实际案例;

(4) 年龄和成长状况的原则:注意授课对象的年龄和成长状况;

(5) 直观性原则:如使用的教学资源(模型、黑板、多媒体等);

(6) 独立操作原则:个人负责或是独立的行为能力是未来成功的先决条件(例如项目法);

(7) 确保成果原则:检查和确保学习成果(主要是成果汇总总结、学生笔记、草稿纸、板书过程、制作和讲述过程使用照片及录像资料、制作模型等)。

2. 制定完善的教学和工作任务

授课教学大纲与课时分配要参照相应课程的国家教学标准执行,每个教学和工作任务必须能够与教学大纲、未来从事岗位相符合。

1) 学习目标

作为学生,在学习单元和学习/工作任务开始时就要有一个明确清晰的目标和想法,如期望自己在学习过程中能达到什么程度。首先,制定框架学习目标;其次,从框架学习目标中衍生出一个或是几个粗略的学习目标;最后,通过一个或是更多的细致目标具体地说明一个粗略的学习目标。如山石工程,第二学年,5周×5节课/周=5×5课时=25课时,以现代山石工程为例。

(1)框架学习目标如下:

所需职业教育训练的部分培训内容	技能知识		备注提示
	根据培训大纲的最低要求	特别的或附加的要求	
现代山石工程	a. 现代假山造型方案设计工作、草图		设计工作室
	b. 现代假山施工图设计工作		设计工作室
	c. 现代假山基础、骨架结构施工工作		园林实训场
	d. 钢丝网铺设与抹面施工工作		园林实训场
	e. 表面面层修饰施工工作		园林实训场

(2)具体学习提纲内容如下:

月/周		教材的知识领域	传授的知识/能力/技能	方法提示和特点
九月	1	现代假山造型方案设计工作、草图	了解山石的类型特征、造型特点和掇山艺术;布置山石平面和结构设计;能绘制假山石景方案设计图;懂得假山施工工艺流程;理解假山石景施工图绘制规范;设计中能够运用制图规范	人工塑造假山工程案例分析;选用合理的石材类型;3D MAX 效果图制作
	2	现代假山施工图设计工作(制图)	假山施工图绘制(平面、立面、剖面、结构);CAD假山绘制技能	施工图审核与调整
	3	现代假山基础、骨架结构施工工作	能够读懂假山工程布置图纸;了解山体结构与施工;能够根据施工图设计图纸做出相应的地基,钢筋骨架布置能够适用山形凹凸变化	假山基础结构和山体结构分析
	4	钢丝网铺设	能够选择易挂材料的钢丝网;熟悉木槌塑形方法;掌握抹面材料的使用;懂得分块钢架制作	注重绑扎方法和敲打力度
	5	表面面层修饰施工与抹面施工工作	熟练掌握挂水泥砂浆的方法;掌握钢丝网抹灰比例;熟练掌握混凝土抹面皴纹与质感的处理	抹灰的厚度;皴纹细节考虑肌理、裂纹、棱角处理效果

2)以"现代山石工程"中的 a 方案设计工作、草图为例制定教学和工作任务

工种:园林假山工程师

任务:假山设计(中式别墅庭院)

任务编制来源:假山设计属于教学大纲

教学目标如下:

① 框架目标。学生了解山石类型特征、造型特点以及掇山艺术的基本概念;能够掌握假山造型方案设计及施工图设计;能够掌握塑造混凝土仿石假山施工总体操作工艺流

程(图 6-1)。

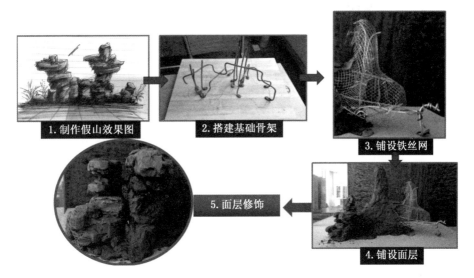

图 6-1　模拟现代假山制作工艺流程图

　　② 粗略目标。学生知道不同地域的假山设计方法,并能够根据环境合理布置假山及绘制方案图纸。

　　③ 细致学习目标。学生知道不同地域的山石特征,理解传统掇山艺术;熟悉置石的艺术手法和假山设计营造口诀;学生能够独立运用马克笔、纸张、针管笔、图纸、绘图板等绘制假山设计草图;能够在假山方案设计的全部步骤中独立工作;了解假山方案设计对于假山工程审美的意义。

　　本节教学单元持续时间:两个课时,每课时 45 分钟;培训地点:设计工作室;参加者:全班学生。

　　具体教学工作任务如下:

阶段	内容	时间 (min)	方法
1	布置工作任务,确定学习目标	5	简单陈述报告(教师)
	展示马克笔、A4 纸张、水性笔、绘图板等绘制假山设计草图的工具	5	
	复习工作步骤及假山设计营造口诀	5	教学谈话/课堂谈话(教师/学生)
2	布置工作台, 绘制假山设计草图	15	演示/简单陈述报告(教师)
3	绘制假山设计草图	20	演示/简单陈述报告(挑选学生)
4	绘制假山设计草图	25	练习(所有学生)
	评价教学单元	15	简单陈述报告/教学谈话(教师和学生)

3. 使用标准的四阶段培养方法

教师进行单元授课前,要确定学习内容和教学目标,制定工作提纲,准备学习材料,确认授课地点。四阶段法主要体现教师与学生的互动环节。(1)准备:解释说明学习目标和工作任务,调动学习兴趣,展示在练习中使用的工具;(2)示范和解释说明:教师示范工作步骤并进行解释说明,学生仔细聆听和注意观察;(3)模仿和解释说明:学生模仿工作步骤并解释说明,教师听、观察和纠正;(4)独立工作:每组学生独立按照以上步骤反复练习,教师检查和评价。具体案例如下:

阶段	教师	学生
1. 准备	向参加人员致辞,介绍工作任务;展示工作材料;学习工作步骤,了解不同地域的山石特征,理解传统掇山艺术和假山设计营造口诀	仔细聆听;注意观看;理解概念;回答问题
2. 示范和解释说明	实施单个工作步骤同时加以解释说明;布置工作台;工作步骤;把复印纸或是硫酸纸放在绘图桌上;用绘图笔边构思边绘画假山底平面轮廓造型(意在笔先);绘制假山正立面轮廓造型,确定高度;绘制假山侧立面轮廓造型;能绘制假山局部造型,增强假山立体感;上色,表现明暗关系	仔细聆听;注意观看;理解概念;提出问题;回答问题
3. 模仿和解释说明	仔细聆听;注意观看;理解概念;如有需要进行纠正;有目的性地提出问题以确保学生理解	实施单个工作步骤同时加以解释说明;布置工作台;根据说明的工作步骤进行实践操作演示
4. 独立工作	注意观看;如有需要进行纠正;检查工作成果;练习结束时进行评价;总结整个练习	独立完成单个工作步骤;布置工作台;准备好绘图纸,用绘图笔边构思边绘画假山底平面轮廓、假山正立面、侧立面及局部造型;上色,表现明暗关系;练习结束时评估自己的工作

从以上论述可以得出四阶段培养是为具体能力而设计的课程教学培养体系,体现了"以学习者为主"的专业建设理念,顺应了从以"教"为主向以"学"为主转变的教育教学改革形式发展。专业培养方法的设置、课程体系的构建、教学设计、教学评价等均要以学习者为中心,以学生综合职业行动能力要求为依据。

4. 注重完备的评定和评估结果

注重对结果的评估、评定,要求专业课程应具备相对完备的评估和评定系统,从而持续地对学生练习、学习成果等进行评估、评定。专业教学标准中要体现学习评定与评估两部分,应以要培养的综合职业行为能力要求为依据来设计评定与评估方案,也就是对学生通过课程教学习得的专业知识、技能、能力等进行较为全面的评定,利用常态化的程序和方法评估学生成绩的达成情况,作为专业课程持续改进的重要依据。

评定学习成绩或是考试成绩(可以是口头、书面和实践操作成绩),是根据教学目标所制定的成绩和评定依据,评估个人对知识的掌握情况以及技能和行为能力等。本节主要是教师与学生一起评价假山设计草图:首先,确定评估时间和查阅以往评估报告,了解学生的基本情况;其次,教师仔细观察学生的反应,学生也要根据教师的评述确认自己的描述是否正确,教师要给学生申辩的机会,创造一个和谐的氛围;再次,对学生的积极发言做出肯定,然后提出不足和需要修改的地方,必要的时候讨论问题的原因所在;最后,整个评估过程使人感觉轻松愉快,学生感到学习很有意思,有动力。

(1) 学生自评表如下:

序号	学生	自评			
		评价内容		评价占比	评价结果
1		假山设计陈述	设计思路	20%	优【　】良【　】中【　】及格【　】不及格【　】
			创新性	20%	优【　】良【　】中【　】及格【　】不及格【　】
		假山设计草图	构图效果	30%	优【　】良【　】中【　】及格【　】不及格【　】
			后期表现	30%	优【　】良【　】中【　】及格【　】不及格【　】
		学生自评分		优【　】良【　】中【　】及格【　】不及格【　】	

(2) 教师评定表如下:

专业方向			任务名称		教师	
学生			班级		日期	
评价内容			评价占比	评价结果		
1. 任务成果	假山设计陈述	设计思路	15%	优【　】良【　】中【　】及格【　】不及格【　】		
		创新性	15%	优【　】良【　】中【　】及格【　】不及格【　】		
	假山设计草图	构图效果	25%	优【　】良【　】中【　】及格【　】不及格【　】		
		后期表现	25%	优【　】良【　】中【　】及格【　】不及格【　】		
2. 素质态度	团队合作		10%	优【　】良【　】中【　】及格【　】不及格【　】		
	出勤率		10%	优【　】良【　】中【　】及格【　】不及格【　】		
教师评分			优【　】良【　】中【　】及格【　】不及格【　】			
教师签名						

(3) 检查实验/实训工具、辅助工具、材料,主要有绘图纸张(A4 纸)、绘图板、绘图笔(马克笔、针管笔等)。

试 题 库

山石工程练习题（一）

一、选择题

1. 有一种石材原产于太湖中的洞庭西山,是江南园林中运用最为普遍的一种假山石,这种石材是(　　)。

   A. 黄石　　　　　　B. 太湖石　　　　　　C. 青石　　　　　　D. 房山石

2. "拉底"属于(　　)。

   A. 假山山脚施工　　　　　　　　　B. 假山基础施工

   C. 假山山体施工　　　　　　　　　D. 假山施工前准备工作

3. 下列石材哪一个不属于假山的常用石材? (　　)

   A. 太湖石　　　　　B. 宣石　　　　　C. 青石　　　　　D. 花岗岩

4. 关于园林叠石错误的是(　　)。

   A. 石山宜形体多变,山脚宜小

   B. 忌均匀划一

   C. 应相互照应、呼应顾盼

   D. 选石宜种类多样,如湖石、英石与黄石混合使用

5. 采用多种不规则孔洞和孔穴的山石,组成具有曲折环形通道或通透形空洞的一种假山山体结构被称为(　　)。

   A. 填充式结构　　B. 层叠式结构　　C. 竖立式结构　　D. 环透式结构

二、填空题

6. 《园冶》中专论叠石造山的章节有《掇山》和《_____》。

7. 中国古代造园史上唯一一部造园专著是明代计成所著的_____。

8. 两个山石布置在相对的位置上,呈对称或对立、对应的状态,这种置石方式称为_____。

9. 根据使用土石的情况,假山可分为 4 种:土山、土包石、石包土、_____。

10. 汉武帝开凿太液池,池中三山分别为蓬莱、方丈、_____。

三、简答题

11. 简述环透式假山结构技术。

12. 简述盖梁式洞顶结构技术。

13. 简述置石的布置方式。

山石工程练习题(一)答案

一、选择题

1. B   2. A   3. D   4. D   5. D

二、填空题

6. 选石   7.《园冶》   8. 对置   9. 石山   10. 瀛洲

三、简答题

11. 采用多种不规则孔洞和孔穴的山石,组成具有曲折环形通道或通透形空洞的一种山体结构。所用山石多为太湖石和石灰岩风化后的怪石。

12. 假山石梁或石板的两端直接放在山洞两侧的洞柱上,呈盖顶状,这种洞顶结构形式就是盖梁式。盖梁式结构的洞顶整体性强,结构比较简单,也很稳定,是造山中最常用的结构形式之一。

13. (1) 特置:姿态突出或奇特的单块山石作为一个小景或局部一个构图中心。

(2) 孤置:孤立地将单个山石直接放置或半埋在地面上。

(3) 对置:两块山石布置在对称、对应的位置上。

(4) 散置:山石零星、散漫布置。

(5) 群置:山石成群布置,作为群体表现。

(6) 山石器设:用山石作室外环境中的家具器设。

山石工程练习题(二)

一、不定项选择题

1. 《园冶》中专论叠石造山的章节有《　　　　》和《　　　　》。

　　A. 选石　　　　　　B. 掇山　　　　　　C. 山石　　　　　　D. 山水

2. 中国古代造园史上唯一一部造园专著是明代计成所著的(　　)。

　　A.《山石》　　　　　B.《掇山》　　　　　C.《园冶》　　　　　D.《营造法式》

3. 两个山石布置在相对的位置上,呈对称或对立、对应的状态,这种置石方式称为(　　)。

　　A. 特置　　　　　　B. 孤置　　　　　　C. 对置　　　　　　D. 散置

4. 根据使用土石的情况,假山可分为4种:(　　)。

　　A. 土山　　　　　　B. 石山　　　　　　C. 土包石　　　　　　D. 石包土

5. 汉武帝开凿太液池,池中三山分别为(　　)。

　　A. 蓬莱　　　　　　B. 方丈　　　　　　C. 瀛洲　　　　　　D. 泰山

二、填空题

6. 掇山是用自然山石掇叠成假山的工艺过程,包括选石、采运、_____、立基、拉底、堆叠中层和结顶等工序。

7. 在处理假山三远变化时,主要有平远、高远、_____。

8. 在山石拼叠技法中,以石形代石纹的手法就叫做_____。

9. 假山布置形式有峰、岩、崖、洞、谷、_____等。

10. 踏跺即为用山石作为中国传统建筑出入口部位室内外上下台阶衔接的部分,踏跺又称_____。

三、简答题

11. 简述掇山的基本法则和具体方法。

12. 根据使用土石的情况,简述假山的四种类型。

13. 自然山体的形态特征有哪些?

山石工程练习题(二)答案

一、不定项选择题

1. AB 2. C 3. C 4. ABCD 5. ABC

二、填空题

6. 相石 7. 深远 8. 台纹 9. 山道 10. 涩浪

三、简答题

11. 掇山的基本法则是:"有真为假,作假成真","虽由人作,宛自天开"。掇山的具体方法可概括为32个字,即:因地造山,巧于因借,山水结合,主次分明,三远变化,远近相宜,寓情于石,情景交融。

12. (1)土山:是以泥土作为基本堆山材料,在陡坎、陡坡处可有块石作护坡、挡土墙或作蹬道,但不用自然山石在山上造景;(2)带石土山:又称"土包石",是土多石少的山;(3)带土石山:又称"石包土",是石多土少的山;(4)石山:其堆山材料主要是自然山石,只在石间空隙处填土配植植物。

13. 园林中的假山是人工模仿大自然而堆筑起来的,假山的构成要成为真山的艺术再现,因此必须依照真山的规律加以创造,成为自然的缩影,才具有自然之趣。假山在外形上除了模仿自然山体的审美特征外,其组成的细部还要借助自然山体如下的形态特征。(1)峰、岭、峦:山头高而尖出者称峰,给人以高峻的感觉;岭为连绵不断的山脉形成的山头;山头圆浑者称峦。(2)悬崖、壁、岫:悬崖是山陡岩石突出或山头悬于山脚以外,给人险奇之感;峭立如壁,陡峭挺拔者;不通而浅的山穴称岫。(3)洞府、谷、壑:有浅有深,深者空转上下,穿通山腹。有水者为洞,无水者曰府;两山之间的窄道称谷;山中的深沟称壑。(4)阜:起伏不大,坡度平缓的小土山称为阜。(5)麓:山脚部。(6)岗:四周陡峭、顶上平坦的山。(7)坳:山洼。

山石工程练习题（三）

一、不定项选择题

1. 在置石的方法中，将姿态突出或奇特的单块山石特意摆在一定的地点作为一个小景或局部一个构图中心，这种做法称为（　　）。
   A. 特置　　　　　B. 散置　　　　　C. 孤置　　　　　D. 对置

2. 在园林土山或石假山及其他一些地方，梯级道路不采用砖石材料砌筑成整齐的阶梯，而采用顶面平整的自然山石依山随势砌成，这种山道被称为（　　）。
   A. 山道　　　　　B. 蹬道　　　　　C. 云梯　　　　　D. 阶梯

3. 宋代米芾对奇石的四字品评标准为（　　）。
   A. 瘦　　　　　B. 皱　　　　　C. 漏　　　　　D. 透

4. 在置石手法中，孤立地将单个山石直接放置或半埋在地面上的方法称为（　　）。
   A. 孤置　　　　　B. 散置　　　　　C. 对置　　　　　D. 特置

5. 假山工程量以设计的山石吨位数为基数来推算，而用以表示假山工程量的是（　　）。
   A. 施工日　　　　　B. 工日数　　　　　C. 天数　　　　　D. 工程面积

二、填空题

6. 掇山是用自然山石掇叠成假山的工艺过程，包括选石、采运、_____、立基、拉底、堆叠中层和结顶等工序。

7. 以山石掇成的室外楼梯叫作_____。

8. 假山的创作要"源于自然，_____"，也不能离开自然，违背自然法则。

9. 用钢筋制成的小钢钎，下端加工为尖头形。长度为 30～50 cm，直径为 16～20 mm。主要用于在山石上开槽、打洞，它是_____。

10. 在垫底的山石层上开始砌筑假山，就叫（　　）。

三、简答题

11. 石景的艺术特性。
12. 假山的功能与作用。
13. 简述太湖石的特点。

山石工程练习题（三）答案

一、不定项选择题

1. A　2. B　3. ABCD　4. A　5. B

二、填空题

6. 相石　7. 云梯　8. 高于自然　9. 錾子　10. 起脚

三、简答题

11. 石景是既有具象之美,又有抽象之意的造园元素;既能够构置实在的园林空间,又有灵性的语言符号。它既是园林的建筑材料,也是造景材料、装饰、装置材料,以天然的肌理、色彩,追求人工中透出自然的韵味:"天人合一"观念在园林材料使用上得到体现。建筑与造景,又在园境营造中发挥着独特作用。园林石景讲究形式上的"丑、瘦、漏、皱、透",在设置这些观赏石时要根据它的体量大小、形貌特点,因地制宜地配置它周围的空间环境。

12. (1)地形和骨架功能:通过假山产生地形的起伏,形成全园骨架。整个园子的地形骨架、起伏、曲折皆以此为基础来变化。(2)空间组织功能:利用假山,可以对园林空间进行分隔和划分,将空间分成大小不同、形状各异、富有变化的形态。(3)造景功能:假山作为中国古典园林中最具文化特色的一部分,已成为中国园林的象征。(4)工程功能:在陡坡或湖泊、溪流岸边散置山石可以作为护坡、驳岸和挡土墙,或作为花台、蹬道、汀步和云梯等。(5)使用功能:山石也可以进行加工,做成室内外的家具或器设。

13. 太湖石因原产于太湖一带而得名,真正的太湖石原产于苏州所属太湖中的西洞庭山,江南其他湖泊区也有出产,其中消夏湾一带出产的太湖石品质最优良。太湖石是一种多孔、玲珑剔透的石头,色泽于浅灰中露白色,比较丰润、光洁,紧密的细粉砂质地,质坚而脆,纹理纵横、脉络显隐。轮廓柔和圆润,婉约多变,石面环纹、曲线婉转回还,穴窝(弹子窝)、孔眼、漏洞错杂其间,使石形变异极大。李斗的《扬州画舫录》中记载"太湖石乃太湖石骨,浪击波涤,年久孔穴自生"。太湖石的形成,首先要有石灰岩。苏州太湖地区广泛分布2亿~3亿年前的石炭纪、二叠纪、三叠纪时代形成的石灰岩,成为太湖石丰富的物质基础。尤以3亿年前石炭纪时,深海中沉积形成的层厚、质纯的石灰岩为最佳,往往能形成质量上乘的太湖石。丰富的地表水和地下水,沿着纵横交错的石灰岩节理裂隙,无孔不入,溶蚀或经太湖水的浪击波涤,使石灰岩表面及内部形成许多漏洞、皱纹、隆鼻、凹槽。不同形状和大小的洞纹鼻槽有机巧妙地组合,就形成了漏、透、皱、瘦,玲珑剔透,蔚为奇观,犹如天然的雕塑品,观赏价值比较高。苏州留园的"冠云峰"、苏州第十中学的"瑞云峰"、上海豫园的"玉玲珑"、杭州西湖的"绉云峰"被称为太湖石中的四大珍品。

山石工程练习题(四)

一、不定项选择题

1. 构成园林实体的四大要素为地形、水、植物以及(　　)。

    A. 建筑　　　　　　B. 公共设施　　　　　C. 景观小品　　　　　D. 山石

2. "虽由人作,宛自天开"形容的是(　　)。

    A. 掇山　　　　　　B. 植物　　　　　　　C. 建筑　　　　　　　D. 地形

3. 中国自然山体美的审美特征主要有雄、秀、奇、(　　)。
  A. 险   B. 幽   C. 奥   D. 旷

4. 假山的功能作用分别是:地形和骨架功能、(　　)。
  A. 空间组织功能   B. 工程功能
  C. 造景功能   D. 使用功能

5. 与太湖石齐名,为中生代红、黄色砂、泥岩层岩石的一种统称,它是一种呈茶黄色的细砂岩,以其黄色而得名,称为(　　)。
  A. 太湖石   B. 黄石   C. 青石   D. 鹅卵石

二、填空题

6. 在蹲配中,以体量大而高者为"蹲",体量小而低者则为"_____"。

7. 在中国自然式园林中常用山石,采用"抱角"与"_____"的方式来美化建筑物的墙角。

8. 景墙置石即以墙作为背景,在面对建筑的墙面、建筑山墙或相当于建筑墙面前基础种植的部位作石景或山景布置,因此也有称"_____"的,这也是传统的园林手法。

9. 以山石掇成的室外楼梯叫作_____。

10. 假山的创作要"源于自然,_____",也不能离开自然,违背自然法则。

三、简答题

11. 举例阐述园林常用的景观石材。

12. 简述置石的基本要点。

13. 阐述掇山艺术中的"三远变化"。

山石工程练习题(四)答案

一、不定项选择题

1. D 2. A 3. ABCD 4. ABCD 5. B

二、填空题

6. 配 7. 镶隅 8. 壁山 9. 云梯 10. 高于自然

三、简答题

11. 太湖石、灵璧石、黄石、易州怪石、房山石、英德石、宣石、千层石、青石、石笋石、水秀石、斧劈石、吸水石、鹅卵石、黄蜡石、钟乳石、松皮石等。

12. (1)假山是中国园林的典型组景手段,作为景观小品来讲,峰石更具艺术类景观小品的特点。(2)对置石的施工有其自身的特殊要求,石料到工地后放在地面上以供相石之需,石料搬运时可用粗绳结套,如一般常用的"元宝扣"使用方便,结活扣而靠石料自重将绳紧压,山石基本到位后因"找面"而最后定位为"超",走石用铁撬棍操作,可前、后、左、右移动到理想位置。(3)大的孤置石一定要放稳重心,可用手拉葫芦、电动葫芦或起重机把峰石吊起。(4)基础要事先准备好,有基座的峰石要在峰石立好稳定之后再砌外部基座。放稳山石后,一种是撑住石体在下面添加碎石、碎砖,用水泥砂浆固定;另一种是自然石基座,先在石体上做榫,下边固定住的石体打孔,孔中注水泥砂浆,把榫对准放入孔中再用水泥砂浆固定外部。在放峰石时,一定要做一定深度的基础,露出地面的石体才会稳固。

13. 假山在处理主次关系的同时,还必须结合"三远"理论来安排。宋代郭熙在《林泉高致》中载:"山有三远:自山下而仰山巅,谓之'高远';自山前而窥山后,谓之'深远';自近山而望远山,谓之'平远'"。假山不同于真山,多为中、近距离观赏,因此主要靠控制视距实现。在堆山时,把主要视距控制在1:3以内,实际尺寸并不是很大,身临其境犹如置身于山谷之中,达到三远变化的艺术效果。同时,堆山处理还要达到步移景异的效果,正如《林泉高致》中提到的:"山近看如此,远数里看又如此,远十数里看又如此,每远每异,所谓'山形步步移'也。山正面如此,侧面又如此,背面又如此,每看每异,所谓'山形面面看'也"。

山石工程练习题(五)

一、选择题

1. 在蹲配中,以体量大而高者为"蹲",体量小而低者则为"(　　)"。
   A. 配　　　　　　　B. 尊　　　　　　　C. 蹲　　　　　　　D. 望

2. 在中国自然式园林中常用山石,采用"抱角"与"(　　)"的方式来美化建筑物的墙角。
   A. 镶隅　　　　　　B. 转角　　　　　　C. 直角　　　　　　D. 墙边

3. 景墙置石即以墙作为背景,在面对建筑的墙面、建筑山墙或相当于建筑墙面前基础种植的部位做石景或山景布置,因此也有称"(　　)"的,这也是传统的园林手法。
   A. 山墙　　　　　　B. 景墙　　　　　　C. 壁山　　　　　　D. 墙壁

4. 以山石掇成的室外楼梯叫作(　　)。
   A. 踏步　　　　　　B. 台阶　　　　　　C. 楼梯　　　　　　D. 云梯

5. 两个山石布置在相对的位置上,呈对称或对立、对应的状态,这种置石方式称为(　　)。
   A. 特置　　　　　　B. 对置　　　　　　C. 孤置　　　　　　D. 散置

二、填空题

6. 在山路的安排中,增加路线的弯曲、转折、起伏变化和路旁景物的布置,造成"_____"的强烈风景变换感,也能够使山景效果丰富多彩。

7. 山脚轮廓线形设计,在造山实践中被叫做"_____",也就是假山的平面形状设计。

8. 山脚线应当设计为回转自如的_____,要尽量避免成为直线。

9. 从曲线的弯曲程度来考虑,土山山脚曲线的半径一般不要小于_____。

10. 假山的山脚线、山体余脉,甚至整个假山的平面形状,都可以采取自然转折的方式造成山势的回转、凹凸和深浅变化,这种假山平面设计中最常用的变化手法叫做_____。

三、简答题

11. 简述置石的施工方法。

12. 阐述"巧于因借,混假于真"的掇山艺术。

13. 简述拼叠山石的基本原则。

山石工程练习题(五)答案

一、选择题

1. A 2. A 3. C 4. D 5. B

二、填空题

6. 步移景异 7. 布脚 8. 曲线形状 9. 2 m 10. 转折

三、简答题

11. (1)施工放线。根据设计图纸的位置与形状在地面上放出置石的外形轮廓。一般基础施工要比置石的外形宽。(2)挖槽。根据设计图纸来挖基槽的大小与深度。(3)基础施工。特置的基础在现代的施工工艺中一般都是浇灌混凝土,至于砂石与水泥的混合比例关系、混凝土的基础厚度、所用钢筋的直径等,则要根据特置的高度、体积、质量和土层的情况来确定。(4)安装磐石。安装磐石时既要使磐石稳定,又要将磐石保留在土壤中,这样置石就像从土壤中生长出来一样。(5)立峰。立峰时一定要把握好山石的重心稳定。

12. 即充分利用环境条件造山。如果附近有自然山水相因,那就灵活地加以利用。在真山附近造假山是用"混假于真"的手段取得真假难辨的造景效果。北京颐和园的谐趣园,于万寿山东麓造假山,于万寿山之北隔长湖造假山,也有类似的效果。真假山夹水对峙,取假山与真山山麓相对应,令人真假难辨。"混假于真"的手法不仅可用于布局取势,也可用于细部处理。承德避暑山庄外八庙的假山、北京颐和园的画中游等都是用本山裸露的岩石为材料,把人工堆的山石和自然露岩相混布置,做到了"混假于真"的效果。位于江苏无锡惠山东麓的寄畅园借九龙山、惠山于园内远景,在真山面前造假山,达到如同一脉相贯的效果。

13. (1)同质:指山石拼叠组合时,其品种、质地要一致。有时叠石造山,将黄石、湖石混在一起拼叠,由于石料的质地不同,石性各异,若违反了自然山川岩石构成的规律,强行将其组合,必然难以兼容,不伦不类,从而失去整体感。(2)同色:即使山石品种、质地相同,其色泽亦有差异。如湖石就有灰黑色、灰白色、褐黄色和青色之别,黄石也有深黄、淡黄、暗红、灰白等色泽变化。(3)接形:根据山石外形特征,将其互相拼叠组合,在保证预期变化的基础上又浑然一体,这就叫做"接形"。接形山石的拼叠面力求形状相似,拼叠面若凸凹不平,应以垫刹石为主,其次才用铁锤击打吻合。石形互接,特别讲究顺势;如向左,则先用石造出左势;如向右,则用石造成右势;欲向高处,先出高势;欲向低处,先出低势。(4)台纹:形是指山石的外轮廓,纹是指山石表面的纹理脉络。当山石拼叠时,台纹就不仅是指山石原有的纹理脉络的衔接,还包括外轮廓的接缝处理。

山石工程练习题(六)

一、选择题

1. 在山脚向外延伸和山沟向山内延伸的处理中,延伸距离的长短、延伸部分的宽窄和形状曲直,以及相对两山以山脚相互穿插的情况等都有许多变化,这种假山平面设计中最常用的变化手法叫做(   )。

    A. 缩短　　　　　　B. 延伸　　　　　　C. 延长　　　　　　D. 曲直

2. (   )在假山平面图上应同时标明假山的竖向变化情况。

    A. 高程标注　　　　B. 标高　　　　　　C. 标注　　　　　　D. 标点

3. 假山洞洞道的平均高度一般应在 19 m 以上,平均宽度则应在(   )以上。

    A. 1.2 m　　　　　 B. 1.4 m　　　　　 C. 1.5 m　　　　　 D. 1.8 m

4. 为了适当扩大选石的余地,在估算的吨位数上应再增加(   )的吨位数,这就是假山工程的山石备料总量。

    A. 1/3~1/2　　　　B. 1/2　　　　　　C. 1/6　　　　　　D. 1/4~1/2

5. 山石内部铁活固定设施有:铁爬钉、(   )、铁扁担、铁吊架等。

    A. 大钢钎　　　　　B. 錾子　　　　　　C. 银锭扣　　　　　D. 琢镐

二、填空题

6. 用钢筋制成,下端加工为尖头形,长度为1~1.4 m,直径为30~40 mm,主要用来撬动大山石,它是_____。

7. 用钢筋制成的小钢钎,下端加工为尖头形,长度为30~50 cm,直径为16~20 mm。主要用于在山石上开槽、打洞,它是_____。

8. 一种丁字形的小铁镐。镐的一端是尖头,可用来凿击需要整形的山石;另一端是扁平如斧状的刃口,主要用来砍、劈加工山石,它是_____。

9. 假山工程需要的施工人员主要分为三类,即假山施工工长、假山技工和_____。

10. 从假山自下而上的构造来分,可以分为底层、中腰和_____三部分,这三部分在选择石形方面有不同的要求。

三、简答题

11. 简述假山立面造型的设计规律。

12. 简述假山造型禁则。

13. 阐述掇山艺术中的"相地合宜,造山得体"。

山石工程练习题(六)答案

一、选择题

1. B　2. A　3. C　4. D　5. C

二、填空题

6. 大钢钎　7. 錾子　8. 琢镐　9. 普通工　10. 收顶

三、简答题

11. 假山的造型,主要应解决假山山形轮廓、立面形状态势和山体各局部之间的比例、尺度等关系。要深入到假山本身的形象创造过程中去解决问题,就要利用下述几方面的假山造型规律:(1)变与顺,多样统一;(2)深与浅,层次分明;(3)高与低,看山看脚;(4)态与势,动静相济;(5)藏与露,虚实相生;(6)意与境,情景交融。

12. 为了避免在叠石造山中,因一些不符合审美欣赏原则的忌病而损害假山艺术形象的情况出现,弄清楚造型中有哪些禁忌和哪些应当避免的情况是很有必要的:(1)禁"对称居中";(2)禁"重心不稳";(3)禁"杂乱无章";(4)禁"纹理不顺";(5)禁"铜墙铁壁";(6)禁"刀山剑树";(7)禁"鼠洞蚁穴";(8)禁"叠罗汉"。

13. 《园冶》中谓:"如方如圆,似偏似曲;如长弯而环壁,似偏阔以铺云。高方欲就亭台,低凹可开池沼;卜筑贵从水面,立基先究源头,疏源之去由,察水之来历",就很好地指出了在自然式园林中,在什么位置造山、造什么样的山、采用哪些山水地貌组合,都必须结合相地、选址,因地制宜地把主观要求和客观条件的可能性以及其他所有园林组成要素作统筹安排。如河北承德避暑山庄,在澄湖中设有"青莲岛",岛上建有仿浙江嘉兴南湖的"烟雨楼",而在澄湖东部辟有仿江苏镇江金山寺的"小金山",既模拟了名景,又根据立地条件做了很好的具体处理,达到因地制宜、"构园得体"的效果。

山石工程练习题(七)

一、选择题

1. 用钢筋制成,下端加工为尖头形,长度为 1～1.4 m,直径为 30～40 mm,主要用来撬动大山石,它是(　　)。

　　A. 大钢钎　　　　　B. 錾子　　　　　C. 银锭扣　　　　　D. 琢镐

2. 用钢筋制成的小钢钎,下端加工为尖头形,长度为 30～50 cm,直径为 16～20 mm,主要用于在山石上开槽、打洞,它是(　　)。

　　A. 大钢钎　　　　　B. 錾子　　　　　C. 银锭扣　　　　　D. 琢镐

3. 一种丁字形的小铁镐。镐的一端是尖头,可用来凿击需要整形的山石;另一端是扁平如斧状的刀口,主要用来砍、劈加工山石,它是(　　)。

　　A. 大钢钎　　　　　B. 錾子　　　　　C. 银锭扣　　　　　D. 琢镐

4. 假山工程需要的施工人员主要分为三类,即假山施工工长、假山技工和(　　)。

    A. 瓦工　　　　　　　　B. 木工　　　　　　　　C. 普通工　　　　　　　　D. 高级工

5. 从假山自下而上的构造来分,可以分为底层、中腰和(　　)三部分,这三部分在选择石形方面有不同的要求。

    A. 山峰　　　　　　　　B. 封顶　　　　　　　　C. 压顶　　　　　　　　D. 收顶

二、填空题

6. 用钢筋制成,下端加工为尖头形,长度为1~1.4 m,直径为30~40 mm,主要用来撬动大山石,它是_____。

7. 用钢筋制成的小钢钎,下端加工为尖头形,长度为30~50 cm,直径为16~20 mm,主要用于在山石上开槽、打洞,它是_____。

8. 一种丁字形的小铁镐。镐的一端是尖头,可用来凿击需要整形的山石;另一端是扁平如斧状的刀口,主要用来砍、劈加工山石,它是_____。

9. 假山工程需要的施工人员主要分为三类,即假山施工工长、假山技工和_____。

10. 从假山自下而上的构造来分,可以分为底层、_____和收顶三部分,这三部分在选择石形方面有不同的要求。

三、简答题

11. 阐述选石的步骤。

12. 简述层叠式假山结构技术。

13. 阐述混凝土填充假山结构技术。

山石工程练习题(七)答案

一、选择题

1. A　2. B　3. D　4. C　5. D

二、填空题

6. 大钢钎　7. 錾子　8. 琢镐　9. 普通工　10. 收顶

三、简答题

11. (1)主峰或孤立小山峰的峰顶石、悬崖崖头石分别做上记号,以备施工到这些部位时使用。(2)要接着选留假山山体向前凸出部位的用石。山洞洞口用石需要首先选到,选到后分山前山旁显著位置上的用石,以及山坡上的石景用石等。(3)应将一些重要的结构用石选好,如长而弯曲的洞顶梁用石、拱券式结构所用的券石、洞柱用石、峰底承重用石、斜立式小峰用石等。(4)其他部位的用石,则在叠石造山施工中随用随选,用一块选一块。总之,山石选择的步骤应当是:先头部后底部、先表面后里面、先正面后背面、先整体后细部、先特征点后一般区域、先洞口后洞中、先竖立部分后平放部分。

12. 假山结构若采用层叠式,则假山立面的形象就具有丰富的层次感,一层层山石叠砌为山体,山形朝横向伸展,或是敦实厚重,或是轻盈飞动,容易获得多种生动的艺术效果。在叠山方式上,层叠式假山又可分为以下两种:(1)水平层叠。每一块山石都采用水平状态叠砌,假山立面的主导线条都是水平线,山石向水平方向伸展。(2)斜面层叠。山石倾斜叠砌成斜卧状或斜升状;石的纵轴与水平线形成一定夹角,角度一般为$10°$~$30°$,最大不超过$45°$。层叠式假山石材一般可用片状的山石,片状山石最适于做层叠的山体,其山形常有"云山千叠"般的飞动感。体形厚重的块状、墩状自然山石,也可用于层叠式假山。而由这类山石做成的假山,则山体充实,孔洞较少,具有浑厚、凝重、坚实的景观效果。

13. 有时,需要砌筑的假山山峰又高又陡,在山峰内部填充泥土或碎砖石都不能保证结构的牢固,山峰容易倒塌。在这种情况下,就应该用混凝土来填充,使混凝土作为主心骨,从内部将山峰凝固成一个整体。混凝土是采用水泥、砂、石按$1:2:4$~$1:2:6$的比例搅拌配制而成,主要是作为假山基础材料及山峰内部的填充材料。混凝土填充的方法为:先用山石将山峰砌筑成一个高70~120 cm(要高低错落)、平面形状不规则的山石筒体,然后用C_{15}混凝土浇筑筒中至筒的最低口处。待基本凝固时,再砌筑第二层山石筒体,并按相同的方法浇筑混凝土。如此操作,直至峰顶为止,就能够砌筑起高高的山峰。

山石工程练习题(八)

一、选择题

1. 采用多种不规则孔洞和孔穴的山石,组成具有曲折环形通道或通透形空洞的一种假山山体结构被称为( )。

A. 填充式结构　　　B. 层叠式结构　　　C. 竖立式结构　　　D. 环透式结构

2. 中国古代造园史上唯一一部造园专著是明代计成所著的( )。

A.《山石》　　　　B.《掇山》　　　　C.《园冶》　　　　D.《营造法式》

3. 两个山石布置在相对的位置上,呈对称或对立、对应的状态,这种置石方式称为( )。

A. 特置　　　　　　B. 孤置　　　　　　C. 对置　　　　　　D. 散置

4. 在置石手法中,孤立地将单个山石直接放置或半埋在地面上的方法称为( )。

A. 孤置　　　　　　B. 散置　　　　　　C. 对置　　　　　　D. 特置

5. 假山工程量以设计的山石吨位数为基数来推算,而用以表示假山工程量的是( )。

A. 施工日　　　　　B. 工日数　　　　　C. 天数　　　　　　D. 工程面积

二、填空题

6. _____指较深较大块面的皱褶,而纹则指细小、窄长的细部凹线。

7. 假山拉底的方式有满拉底和_____。

8. _____就是在山脚线的范围内用山石满铺一层。这种拉底的做法适宜规模较小、山底面积也较小的假山,或在北方冬季有冻胀破坏地方的假山。

9. 在垫底的山石层上开始砌筑假山,就叫_____。

10. 起脚边线的做法,可以采用点脚法、连脚法或_____3种做法。

三、简答题

11. 简述山洞洞顶设计。

12. 简述墙柱式假山洞壁技术。

13. 阐述斜立假山结构技术。

山石工程练习题(八)答案

一、选择题

1. D 2. C 3. C 4. A 5. B

二、填空题

6. 皴 7. 周边拉底 8. 满拉底 9. 起脚 10. 块面脚法

三、简答题

11. 在园林中,岩洞不仅可以吸引游人探奇、寻幽,还具有打破空间闭锁、产生虚实变化、丰富园林景色、联系景点、延长游览路线、改变游览情趣、扩大游览空间等作用。山洞的构筑最能体现传统假山合理的山体结构与高超的施工技术。由于一般条形假山的长度有限,大多数条石的长度都在1~2 m。如果山洞宽度设计为2 m左右,则条石的长度就不足以直接接用作洞顶石梁,这时就需要特殊的方法才能做出洞顶来。因此,假山洞的洞顶结构一般都要比洞壁、洞底复杂一些。从洞顶的常见做法来看,其基本结构方式有3种,即盖梁式、挑梁式和拱券式。

12. 由洞柱和柱间墙体构成的洞壁,就是墙柱式洞壁。在这种洞壁中,洞柱是主要的承重构件,而洞墙只承担少量的洞顶荷载。由于洞柱支承了主要的荷载,柱间墙就可以做得比较薄,可以节约洞壁所用的山石。墙柱式洞壁受力比较集中,壁面容易做出大幅度的凹凸变化,洞内景观自然,所用石材的总量可以比较少,因此假山造价可以降低些。洞柱有连墙柱和独立柱两种,独立柱有直立石柱和层叠石柱两种做法。直立石柱是用长条形山石直立起来作为洞柱,在柱底有固定柱脚的座石,在柱顶有起联系作用的压顶石。层叠石柱则是用块状山石错落地层叠砌筑而成,柱脚、柱顶也可以有垫脚座石和压顶石。

13. 构成假山的大部分山石,都采取斜立状态;山体的主导皴纹线也是斜立的。山石与地平面的夹角在45°以上,并在90°以下。这个夹角一定不能小于45°,不然就成了斜卧状态而不是斜立状态。假山主体部分的倾斜方向和倾斜程度应是整个假山的基本倾斜方向和倾斜程度。山体陪衬部分则可以分为1~3组,分别采用不同的倾斜方向和倾斜程度,与主山形成相互交错的斜立状态,这样能够增加变化,使假山造型更加具有动感。

山石工程练习题(九)

一、选择题

1. 在园林土山或石假山及其他一些地方,梯级道路不采用砖石材料砌筑成整齐的阶梯,而采用顶面平整的自然山石依山随势砌成,这种山道被称为( )。

    A. 山道   B. 蹬道   C. 云梯   D. 阶梯

2. 构成园林实体的四大要素为地形、水、植物以及( )。

    A. 建筑   B. 公共设施   C. 景观小品   D. 山石

3. 在置石的方法中,将姿态突出或奇特的单块山石特意摆在一定的地点作为一个小景或局部一个构图中心,这种做法称为( )。

    A. 特置   B. 散置   C. 孤置   D. 对置

4. "虽由人作,宛自天开"形容的是( )。

    A. 掇山   B. 植物   C. 建筑   D. 地形

5. 与太湖石齐名,为中生代红、黄色砂、泥岩层岩石的一种统称,它是一种呈茶黄色的细砂岩,以其黄色而得名,称为( )。

    A. 太湖石   B. 黄石   C. 青石   D. 鹅卵石

二、填空题

6. 山顶立峰,俗称为"_____",叠山常作为最后一道工序,所以它实际就是山峰部分造型上的要求,从而出现了不同的结构特点。

7. 为了强化山体参差不齐的形状和使山体更富于凹凸变化,有山石向左右方向错位堆叠的"左右错",也有山石向前后方向错位堆叠的"_____"。

8. 有两块挑石在独立的支座石上背向着从左右两方挑出,其后端由同一块重石压住的称为_____。

9. 山石捆扎固定一般采用_____号铅丝。

10. 假山山体的施工,主要是通过吊装、_____、砌筑操作来完成假山的造型。

三、简答题

11. 简述山洞洞顶设计。

12. 简述墙柱式假山洞壁技术。

13. 阐述斜立假山结构技术。

山石工程练习题(九)答案

一、选择题

1. B   2. D   3. A   4. A   5. B

二、填空题

6. 收头 7. 前后错 8. 担挑 9. 8或10 10. 堆叠

三、简答题

11. 在园林中,岩洞不仅可以吸引游人探奇、寻幽,还具有打破空间闭锁、产生虚实变化、丰富园林景色、联系景点、延长游览路线、改变游览情趣、扩大游览空间等作用。山洞的构筑最能体现传统假山合理的山体结构与高超的施工技术。由于一般条形假山的长度有限,大多数条石的长度都在1~2 m。如果山洞宽度设计为2 m左右,则条石的长度就不足以直接用作洞顶石梁,这时就需要特殊的方法才能做出洞顶来。因此,假山洞的洞顶结构一般都要比洞壁、洞底复杂一些。从洞顶的常见做法来看,其基本结构方式有3种,即盖梁式、挑梁式和拱券式。

12. 由洞柱和柱间墙体构成的洞壁,就是墙柱式洞壁。在这种洞壁中,洞柱是主要的承重构件,而洞墙只承担少量的洞顶荷载。由于洞柱支承了主要的荷载,柱间墙就可以做得比较薄,可以节约洞壁所用的山石。墙柱式洞壁受力比较集中,壁面容易做出大幅度的凹凸变化,洞内景观自然,所用石材的总量可以比较少,因此假山造价可降低些。洞柱有连墙柱和独立柱两种,独立柱有直立石柱和层叠石柱两种做法。直立石柱是用长条形山石直立起来作为洞柱,在柱底有固定柱脚的座石,在柱顶有起联系作用的压顶石。层叠石柱则是用块状山石错落地层叠砌筑而成,柱脚、柱顶也可以有垫脚座石和压顶石。

13. 构成假山的大部分山石,都采取斜立状态;山体的主导皴纹线也是斜立的。山石与地平面的夹角在45°以上,并在90°以下。这个夹角一定不能小于45°,不然就成了斜卧状态而不是斜立状态。假山主体部分的倾斜方向和倾斜程度应是整个假山的基本倾斜方向和倾斜程度。山体陪衬部分则可以分为1~3组,分别采用不同的倾斜方向和倾斜程度,与主山形成相互交错的斜立状态,这样能够增加变化,使假山造型更加具有动感。

山石工程练习题(十)

一、选择题

1. 景墙置石即以墙作为背景,在面对建筑的墙面、建筑山墙或相当于建筑墙面前基础种植的部位做石景或山景布置,因此也有称"(   )"的,这也是传统的园林手法。

   A. 山墙　　　　　B. 景墙　　　　　C. 壁山　　　　　D. 墙壁

2. (   )在假山平面图上应同时标明假山的竖向变化情况。

   A. 高程标注　　　B. 标高　　　　　C. 标注　　　　　D. 标点

3. 以山石掇成的室外楼梯叫作(   )。

   A. 踏步　　　　　B. 台阶　　　　　C. 楼梯　　　　　D. 云梯

4. 假山洞洞道的平均高度一般应在 19 m 以上,平均宽度则应在( )以上。

    A. 1.2 m   B. 1.4 m   C. 1.5 m   D. 1.8 m

5. 一种丁字形的小铁镐,镐的一端是尖头,可用来凿击需要整形的山石;另一端是扁平如斧状的刃口,主要用来砍、劈加工山石,它是( )。

    A. 大钢钎   B. 琢镐   C. 银锭扣   D. 錾子

二、填空题

6. 在处理假山三远变化时,主要有平远、高远、_____。

7. 根据使用土石的情况,假山可分为 4 种:土山、土包石、石包土、_____。

8. 以山石掇成的室外楼梯叫做_____。

9. 从曲线的弯曲程度来考虑,土山山脚曲线的半径一般不要小于_____。

10. 假山工程需要的施工人员主要分三类,即假山施工工长、假山技工和_____。

三、简答题

11. 简述皴纹修饰技术。

12. 简述构架与钢丝网铺设技术。

13. 阐述表面修饰技术。

山石工程练习题(十)答案

一、选择题

1. C   2. A   3. D   4. C   5. B

二、填空题

6. 深远   7. 石山   8. 云梯   9. 2 m   10. 普通工

三、简答题

11. 修饰重点在山脚和山体中部。山脚应表现粗犷,有人为破坏、风化的痕迹,并多有植物生长。山腰部分,一般在 1.8～2.5 m 处,是修饰的重点,追求皴纹的真实,应做出不同的面,强化力感和楞角,以丰富造型。注意层次和色彩逼真。主要手法有印、拉、勒等。山顶,一般在 25 m 以上,施工时不必做得太细致,可将山顶轮廓线渐收同时色彩变浅,以增加山体的高大和真实感。

12. 先按设计的岩石或假山形体,用直径 12 mm 的钢筋编扎成山石的模胚形状作为结构骨架(钢筋的交叉点最好用电焊焊牢),其上再挂钢丝网。铺设钢丝网是塑山效果好坏的关键因素,绑扎钢筋网时选择易于挂泥的钢丝网,需将全部钢筋相交点扎牢,附在形体简单的基架上,变几何形体为凸凹的自然外形。避免出现松扣、脱扣,相邻绑扎点的绑扎钢丝扣成八字开,以免歪斜变形,不能有浮动现象。钢丝网根据设计要求用木槌和其他工具成型。

13. 表面修饰主要有以下两个方面的工作:(1)着色。可直接用彩色配制,此法简单易行,但颜色呆板。另一种方法是选用不同颜色的矿物颜料加白水泥再加适量的 107 胶配制而成,颜色要仿真,可以有适当的艺术夸张,色彩要明快,着色要有空气感,如上部着色略浅,纹理凹陷部色彩要深,常用手法有洒、弹、倒、甩。刷的效果一般不好。

(2)光泽。可在石的表面涂过氧树脂或有机硅,重点部位还可打蜡。还应注意青苔和滴水痕的表现,时间久了会自然地长出真的青苔。

优秀案例（施工案例、师生作品）

传统假山施工实践

堆叠假山过程

现代塑石假山施工实践

钢骨架焊接（贾金豪团队）　　　　　　　铁丝网铺设

学生作品（指导老师：邢洪涛）

优秀案例（施工案例、师生作品）

传统假山施工实践

堆叠假山过程

现代塑石假山施工实践

钢骨架焊接（贾金豪团队）　　　　　　　铁丝网铺设

学生作品（指导老师：邢洪涛）

学生作品（指导老师：邢洪涛）

山石模型制作过程

学生作品(指导老师:邢洪涛)

山石模型制作工艺

学生作品(指导老师:邢洪涛)

学生作品(指导老师:邢洪涛)

网师园山石视频　　拙政园假山造型　　山石工程室外讲解

参 考 文 献

［1］陈祺.庭园景观三部曲:庭园施工图典[M].北京:化学工业出版社,2009.

［2］陈祺.园林工程建设概论[M].北京:化学工业出版社,2010.

［3］陈祺,陈佳.园林工程建设现场施工技术[M].北京:化学工业出版社,2010.

［4］陈祺,王云峰,张宏辉.山石景观工程图解与施工[M].北京:化学工业出版社,2008.

［5］陈祺,周永学.植物景观工程图解与施工[M].北京:化学工业出版社,2008.

［6］郭爱云.园林工程施工技术[M].武汉:华中科技大学出版社,2012.

［7］韩良顺.山石韩叠山技艺[M].北京:中国建筑工业出版社,2009.

［8］孟兆祯.风景园林工程[M].北京:中国林业出版社,2012.

［9］孟兆祯,毛培琳,黄庆喜,等.园林工程[M].北京:中国林业出版社,1995.

［10］孙超.假山、水景、景观小品工程[M].北京:机械工业出版社,2015.

［11］土木在线.图解园林工程现场施工[M].北京:机械工业出版社,2015.

［12］杨至德.园林工程[M].武汉:华中科技大学出版社,2007.

［13］于立宝,李佰林.园林工程施工[M].武汉:华中科技大学出版社,2010.

［14］《园林工程》编写组.园林工程[M].北京:中国农业出版社,1999.

［15］张炜,宋兴蕾.园林工程施工[M].南京:南京大学出版社,2012.

［16］赵兵.园林工程学[M].南京:东南大学出版社,2003.

［17］中国风景园林学会园林工程分会,中国建筑业协会古建筑施工分会.园林绿化工程施工技术[M].北京:中国建筑工业出版社,2007.

［18］筑龙网.园林施工材料、设施及其应用[M].北京:中国电力出版社,2008.